本书精彩案例

▶ 制作水墨画效果　　　　　　▶ MASK遮罩的使用

▶ 图像的色彩校正

▶ 转换图像颜色

▶ 三色调效果

本书精彩案例

▶ 火焰字的制作　　　　▶　走势图的制作

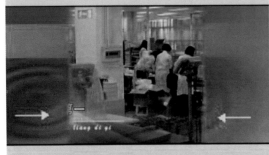

▶企业宣传广告的制作

◀视频的动态
跟踪技术

本书精彩案例

▶制作内容提要　　　　▶下雪、下雨效果

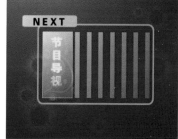
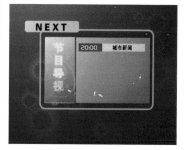

▶制作电视节目导视

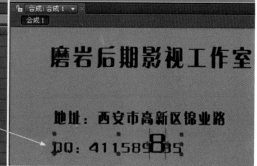

▶设置文字动画效果

本书精彩案例

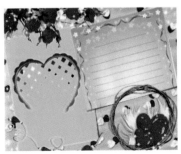

▶ 制作情人节贺卡

▶ 制作农忙时节片头

▶ 制作美好童年片头

高等学校"十二五"计算机规划教材·实用教程系列

After Effects CS4 影视后期制作实用教程

马建党 编

西北工业大学出版社

【内容简介】本书为高等学校"十二五"计算机规划教材,主要内容包括 After Effects CS4 的主要功能及基础操作、时间线的介绍、MASK 遮罩和图形的绘制、文字的应用、绚丽的视频特效、三维空间合成和综合应用实例。在综合应用实例中详细讲解了"节目导视""人物变形"和"农忙时节"片头的制作及输出三个实例,在最后一章配有几个上机实验。章后附有本章小结及操作练习,读者在学习时更加得心应手,做到学以致用。

本书结构合理,内容系统全面、循序渐进,理论与实践相结合,非常适合广大影视后期制作人员、各电视台及婚庆公司的工作人员学习或参考。本书既可作为各高等学校 After Effects CS4 基础课程的首选教材,也可作为高等教育影视专业、各成人高校、民办高校及培训班的教材,同时还可供广大视频处理、影视后期制作爱好者自学参考。

图书在版编目(CIP)数据

After Effects CS4 影视后期制作实用教程/马建党编. —西安:西北工业大学出版社,2012.7
高等学校"十二五"计算机规划教材·实用教程系列
ISBN 978-7-5612-3381-8

Ⅰ. ①A⋯　　Ⅱ. ①马⋯　　Ⅲ. ①图像处理软件—高等学校—教材　　Ⅳ. ①TP391.41

中国版本图书馆 CIP 数据核字(2012)第 166801 号

出版发行:西北工业大学出版社
通信地址:西安市友谊西路 127 号　　　邮编:710072
电　　话:(029) 88493844　88491757
网　　址:www.nwpup.com
电子邮箱:computer@nwpup.com
印 刷 者:陕西兴平报社印刷厂
开　　本:787 mm×1 092 mm　　1/16
印　　张:18.75　彩插 2
字　　数:500 千字
版　　次:2012 年 7 月第 1 版　　2012 年 7 月第 1 次印刷
定　　价:40.00 元

序 言

2010 年召开的全国教育工作会议是新世纪以来第一次、改革开放以来第四次全国教育工作会议。在全面建设小康社会、教育开始从大国向强国迈进的关键时期，召开全国教育工作会议，颁布《国家中长期教育改革和发展规划纲要（2010—2020 年）》，是党中央、国务院作出的又一重大战略决策，是我国教育事业改革发展一个新的里程碑，意义重大，影响深远。

在《国家中长期教育改革和发展规划纲要（2010—2020 年）》中，明确了我国高等教育事业改革和发展的指导思想，牢固确立了人才培养在高校工作中的中心地位，着力培养信念执著、品德优良、知识丰富、本领过硬的高素质专门人才和拔尖创新人才，创立高校与高校、科研院所、行业、企业、地方联合培养人才的新机制，走产、学、研、用相结合之路。

在我国国民经济和社会发展的第十二个五年规划纲要中，对教育改革也提出了新的要求，按照优先发展、育人为本、改革创新、促进公平、提高质量的要求，深化教育教学改革，推动教育事业科学发展，全面提高高等教育质量。

近年来，我国高等教育呈现出快速发展的趋势，形成了适应国民经济建设和社会发展需要的多种层次、多种形式、学科门类基本齐全的高等教育体系，为社会主义现代化建设培养了大批高级专门人才，在国家经济建设、科技进步和社会发展中发挥了重要作用。

但是，高等教育质量还需要进一步提高，以适应经济社会发展的需要。不少高校的专业设置和结构不尽合理，教师队伍整体素质有待提高，人才培养模式、教学内容和方法需进一步转变，学生的实践能力和创新精神需进一步加强。

为了配合当前高等教育的现状和中国经济生活的发展状况，依据教育部的有关精神，紧密配合教育部已经启动的高等学校教学质量与教学改革工程精品课程建设工作，通过全面的调研和认真研究，我们组织出版了"高等学校'十二五'计算机规划教材·实用教程系列"教材。本系列教材旨在"以培养高质量的人才为目标，以学生的就业为导向"，在教材的编写中结合工作实际应用，切合教学改革需要，提高人才培养的能力和水平，更好地满足经济社会发展对高素质人才的需要。

 **主要特色**

◉ **中文版本、易教易学**

本系列教材选取在工作中最普遍、最易掌握的应用软件的中文版本，突出"易教学、易操作"，结构合理、循序渐进、讲解清晰。

⊙ **内容全面、图文并茂**

本系列教材合理安排基础知识和实践知识的比例，基础知识以"必需、够用"为度，内容系统全面，图文并茂。

⊙ **结构合理、实例典型**

本系列教材以培养实用型和创新型人才为目标，在全面讲解实用知识的基础上拓展学生的思维空间，以实例带动知识点，诠释实际项目的设计理念，实例典型，切合实际应用，并配有上机实验。

⊙ **体现教与学的互动性**

本系列教材从"教"与"学"的角度出发，重点体现教师和学生的互动交流。将精练的理论和实用的行业范例相结合，使学生在课堂上就能掌握行业技术应用，做到理论和实践并重。

⊙ **与实际工作相结合**

开辟培养技术应用型人才的第二课堂，注重学生素质培养，与企业一线人才要求对接，充实实际操作经验，将教育、训练、应用三者有机结合，使学生一毕业就能胜任工作，增强学生的就业竞争力。

 读者对象

本系列教材的读者对象为高等学校师生和需要进行计算机相关知识培训的专业人士，同时也可供从事其他行业的计算机爱好者自学参考。

 结束语

希望广大师生在使用过程中提出宝贵意见，以便我们在今后的工作中不断地改进和完善，使本系列教材成为高等学校教育的精品教材。

西北工业大学出版社
2011 年 3 月

前　言

After Effects 是由享有盛名的 Adobe 公司推出的一款用于电影特效、电视栏目制作、影视动画制作和多媒体设计的合成制作软件之一。该软件以功能强大、操作简单、性能稳定等特点，受到了广大专业影视制作人员的青睐和推崇。

这是一本写给影视特效及影视后期制作人员的图书，完全融合了我个人多年以来丰富的影视工作经验和教学经验。全书系统地介绍了 After Effects CS4 软件的功能及应用技巧，从零基础到高级层次，使广大影视爱好者和专业制作人员全面了解 After Effects CS4 软件的各项功能。使读者能够快速直观地了解和掌握 After Effects CS4 的基本使用方法、操作技巧和实际应用。

 本书内容

全书共分为 9 章，主要介绍了视频的基础知识、软件各视窗的功能以及实际运用，使读者更进一步掌握影视制作的有关知识，其中对有些章节配备了相对应的课堂实战，通过理论联系实际，帮助读者举一反三，活学活用，进一步巩固所学的知识。书中对每一个案例都进行了很详细的介绍，步骤一看即懂。另外，还添加了操作提示和注意，对初学者在操作中容易出现的一些问题进行了剖析，读者能够学有所思、学有所想、学有所获。

 读者定位

本书结构合理、图文并茂、内容系统全面，实例丰富实用，既可作为各高等学校 After Effects CS4 基础课程的首选教材，也可作为成人高校、民办高校及培训班的教材，同时还可供广大视频设计爱好者自学参考。

非常感谢西安凯创韵风影视文化传播有限公司韩俞水、西安开创天诚计算机学校汪利群提供的大力支持和帮助，感谢赵丹、郭站岗同学提供"人物变形"案例的素材。给本书提供帮助和支持的还有胡凤莲、申玉玲、马琰菊、樊力、赵亚娟、冯李琳、蔺萌、冯曦、邢伟涛、刘兵、钟昕、尹婷、杨堃等，感谢大家！

本书由马建党老师编写，在编写过程中力求严谨细致，但由于水平有限，书中难免出现疏漏与不妥之处，敬请广大读者批评指正。

编　者

目　录

第 1 章　认识 After Effects CS4

After Effects CS4 是 Adobe 公司推出的一款用于高端视频特效制作的专业特效合成编辑软件，功能比以前的版本更加强大，良好的通用性和易用性使它拥有越来越多的用户，适合于从事设计和制作视频特效的机构，包括电视台、动画制作公司、个人后期制作以及多媒体工作室。目前，尤其是随着 DV 的广泛运用和 Web 的日益发展，越来越需要一个得心应手的工具来合成和编辑视频，因此，After Effects CS4 软件已经成为目前最为流行的影视后期制作合成软件。

知识要点

- ⊙ After Effects CS4 的基本功能
- ⊙ After Effects CS4 的新增功能
- ⊙ 软件的启动和退出
- ⊙ 软件的界面介绍和自定义工作区
- ⊙ 视频的基础知识

1.1　软 件 简 介

Adobe After Effects 软件可以帮助用户高效且精确地创建无数种引人注目的动态图像和震撼人心的视觉效果，可利用与其他 Adobe 软件无与伦比的紧密集成和高度灵活的 2D 和 3D 合成，以及数百种预设的效果和动画。软件界面布局合理，操作简单，其最大的优点就是具有分层编辑和强大的特技控制等功能。

1.1.1　After Effects CS4 的基本功能

After Effects CS4 可以支持多种视频格式的编辑，还可以引入 Photoshop 中图层的信息，可以对多图层的合成图像进行分层编辑。另外，除了对视频进行剪辑、修复，After Effects CS4 还提供了高级的关键帧运动控制、路径动画、变形特效、粒子特效等功能。

1. 强大的视频处理功能

After Effects CS4 不仅可以处理各种视频，还可以制作出令人震撼的视觉效果。它借鉴了许多优秀软件的成功之处，将视频特效合成技术上升到了一个新的高度，软件界面如图 1.1.1 所示。

图 1.1.1　After Effects CS4 的软件界面

2．分层编辑功能

After Effects CS4 可以与 Adobe 公司其他软件紧密结合，实现分层编辑的功能，如图 1.1.2 所示。

图 1.1.2　将 PS 带图层文件导入 AE

3．强大的路径制作功能

利用钢笔工具可以随心所欲地绘制动画路径，制作出许多意想不到的路径动画效果，如图 1.1.3 所示。

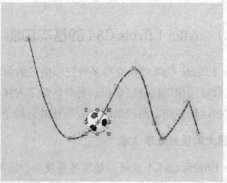

图 1.1.3　路径动画的制作效果

4．强大的特技控制功能

After Effects 提供了多种不同类型的内置特效，可以对视频制作出各种特殊的效果，"效果"菜单如图 1.1.4 所示。

5．高质量视频编辑功能

After Effects 除了可以编辑 2K、4K 电影，画面尺寸为 4 096×3 112 像素，还可以任意自由设置合成画面大小等，"图像合成设置"对话框如图 1.1.5 所示。

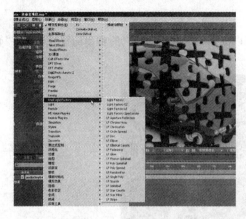

图 1.1.4　"效果"菜单　　　　　　　　图 1.1.5　"图像合成设置"对话框

6．高效的关键帧编辑功能

After Effects 软件支持具有关键帧所有层属性的动画，根据曲线编辑器可以编辑动画，如图 1.16 所示。

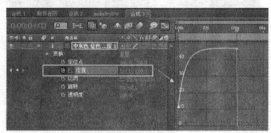

图 1.1.6　"动画关键帧"的编辑

7．三维空间合成编辑功能

After Effects 除了可以在二维空间进行编辑外，还可以在三维空间对素材进行编辑，如图 1.1.7 所示。

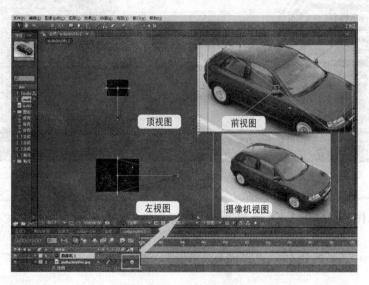

图 1.1.7　三维空间的编辑

8. 高效的多格式渲染功能

After Effects CS4 提供了 30 多种视频格式，可以根据用户的需要选择所输出的视频格式，"输出组件设置"对话框如图 1.1.8 所示。

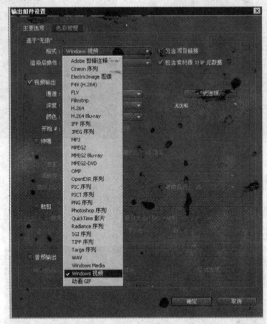

图 1.1.8 "输出组件设置"对话框

9. 强大的跟踪功能

After Effects CS4 提供了强大的跟踪功能，利用跟踪器将跟踪物体与动态画面进行完美的动态跟踪，如图 1.1.9 所示。

图 1.1.9 "跟踪器"的设置

1.1.2 After Effects CS4 的新增功能

After Effects CS4 在上一版本的基础上又增加了许多的新功能，使该软件更加完善，性能更加强大。

1. 全新的欢迎界面

新增的欢迎界面里分布了最近使用项目、打开项目、新建合成组、设计中心和 bridge 浏览模板等选项，用户可以根据自己的需要直接选取即可。在面板上还新增了"每日提示"的功能，每日提示共有 283 条，主要提供了一些软件使用技巧等信息，如图 1.1.10 所示。

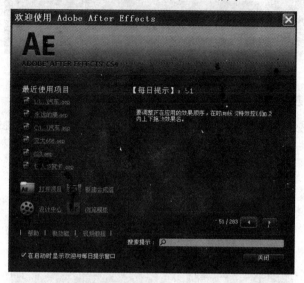

图 1.1.10　"欢迎界面"面板

2. 软件界面布局更合理

软件的界面颜色比以前更深一些，界面布局更加合理，各面板间相互连接在一起，用户操作起来更加方便快捷，如图 1.1.11 所示。

图 1.1.11　After Effects CS4 的工作界面

3. 新颖的合成嵌套示意图

在制作过程中，合成间的相互嵌套使用频率很高，因此软件也采用了很新颖的合成嵌套示意图，如图 1.1.12 所示。

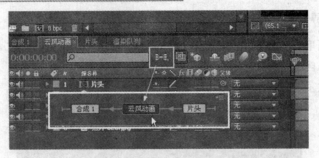

图 1.1.12　合成嵌套示意图

4．时间线面板搜索功能

在时间线面板、特效预置面板和项目面板里都新增了搜索功能，可以大大地提高软件的使用效率，如图 1.1.13 所示。

图 1.1.13　时间线面板搜索功能

5．全新的图像合成设置功能

在时间线面板里选择合成，单击鼠标右键选择"图像合成设置"选项，直接可以设置图像合成的各个参数，如图 1.1.14 所示。

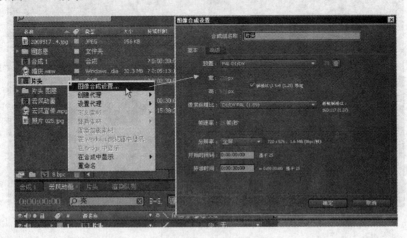

图 1.1.14　图像合成设置功能

6．时间线标记显示功能

新增的时间线标记显示功能可以快速地显示标记的信息，还可以编辑标记信息等，如图 1.1.15

所示。

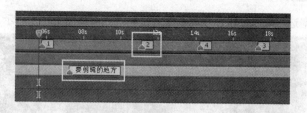

图 1.1.15　时间线面板标记提示

7．新增画面水平居中功能

在工作实践中经常遇到素材移出合成视图以外，操作起来非常麻烦的情况，After Effects CS4 新增的画面水平居中功能可以将画面自动居中到合成视图的中心位置，还新增了画面水平方向和垂直方向翻转的功能。画面水平居中如图 1.1.16 所示。

8．自由相机调整工具

新增的自由相机调整工具更加方便，单击鼠标左键可以切换到轨道摄像机工具，按住鼠标中键可以切换到 XY 轴轨道摄像机工具，单击鼠标右键可以切换到 Z 轴轨道摄像机工具，如图 1.1.17 所示。

图 1.1.16　画面水平居中

图 1.1.17　自由相机调整工具

9．全新的动画曲线编辑功能

全新的动画曲线编辑功能令编辑动画更方便、更快捷，如图 1.1.18 所示。

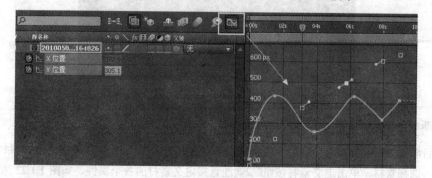

图 1.1.18　动画曲线编辑工具

10．自动分辨率选项

新增的自动分辨率选项可以使视图自动匹配分辨率，界面如图 1.1.19 所示。

图 1.1.19　自动分辨率选项

11．与 Adobe 公司其他软件动态链接

After Effects CS4 软件可以导出 Adobe Photoshop CS、Adobe Prrmirer Pro 和 Adobe Flash CS 等文件信息，并形成完美的动态链接，如图 1.1.20 所示。

图 1.1.20　导出菜单选项

12．Media Encoder 视频转换输出功能

新增的 Adobe Media Encoder 视频转换输出功能，可以将 After Effects CS4 不能导入的素材进行格式转换，加载界面如图 1.1.21 所示。

图 1.1.21　Adobe Media Encoder CS4 加载界面

13．新增定义素材按钮

在项目面板导入素材后，使用最多的就是定义素材。After Effects CS4 新增了定义素材按钮，在项目面板上选择素材，单击定义素材按钮就能直接定义素材的各个属性，如图 1.1.22 所示。

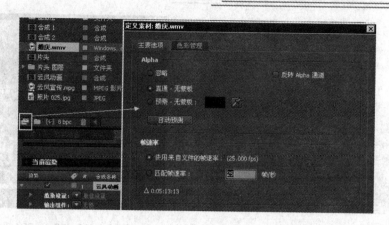

图 1.1.22　定义素材面板

1.2　启动 After Effects CS4

1.2.1　软件的启动和退出

安装 Adobe After Effects CS4 软件后，在电脑桌面上显示软件的启动快捷方式图标。启动 Adobe After Effects CS4 应用程序的方法和传统软件完全相同，有以下两种打开方式：

（1）单击菜单"开始"→"程序"→"Adobe After Effects CS4"选项，即可打开 After Effects CS4 软件，如图 1.2.1 所示。

（2）在电脑桌面双击 Adobe After Effects CS4 快捷方式图标，如图 1.2.2 所示。

图 1.2.1　启动 After Effects CS4　　　　　图 1.2.2　After Effects CS4 快捷方式图标

启动 After Effects CS4 软件以后开始加载应用程序，如图 1.2.3 所示。

软件启动后会自动弹出欢迎界面，这也是 After Effects CS4 软件新增的一项功能。欢迎界面包含了最近工程文件使用项目、每日提示、打开文件、新建合成、设计中心和浏览模板，如图 1.2.4 所示。

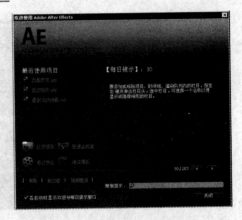

图 1.2.3　After Effects CS4 启动界面　　　　　　图 1.2.4　After Effects CS4 欢迎界面

最近使用项目：软件最近使用的一些工程文件项目，位置最上面的工程项目离上次关闭时间越近，用户可以根据需要直接单击，打开相对应的工程文件。

每日提示：包含软件常用的一些操作技巧，共 283 条，每日一条技巧提示，用户可以在下面的"搜索提示"里查找相对应的内容。

打开文件：打开一个 After Effects 的工程项目文件。

注意：这里，打开文件只能是打开*.aep 的 After Effects 项目工程文件，而不是导入视频文件，如图 12.5 所示。

图 1.2.5　通过欢迎界面打开工程项目文件

新建合成：创建一个新的图像合成。

设计中心：可以直接链接到 Adobe 设计中心网站。

浏览模板：可以通过 Adobe Bridge CS4 进行浏览特效预设文件。

提示：当去掉"在启动时显示欢迎与每日提示"的对钩后，下次打开软件将不再显示欢迎界面和每日提示；当选中"在启动时显示欢迎与每日提示"前面的对钩时，每次打开软件都将显示欢迎界面和每日提示。当去掉"在启动时显示欢迎与每日提示"的对钩后，可以通过单击执行菜单"帮助"→"欢迎与每日提示窗口"选项打开欢迎界面，如图 1.2.6 所示。

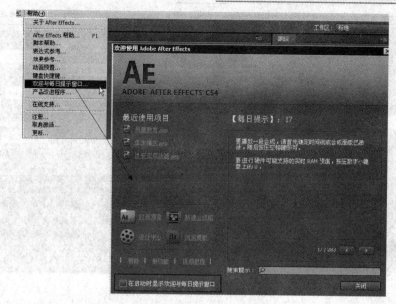

图 1.2.6　打开欢迎界面和每日提示

退出 Adobe After Effects CS4 应用程序的方法有以下几种：

（1）单击软件窗口右上角的"关闭"按钮 。

（2）单击鼠标执行菜单"文件"→"退出"命令，如图 1.2.7 所示。

（3）按键盘快捷键"Ctrl+Q"或者"Alt+F4"键。

图 1.2.7　"文件"菜单

1.2.2　软件的界面和工作流程介绍

运行 Adobe After Effects CS4 以后，屏幕上将显示如图 1.2.8 所示的窗口。当看到 After Effects CS4 的窗口感觉和 Photoshop CS4 有许多相似的地方，其实 After Effects 和 Photoshop 有着千丝万缕的关系。Photoshop 是处理静态图片软件，而 After Effects 是处理动态视频软件，两款软件都是 Adobe 公司产品，都是基于层的方式编辑，在工作中可以把 After Effects 叫做"动态的 Photoshop"。在 Photoshop 中的许多想法完全可以利用到 After Effects 中来编辑。

图 1.2.8　After Effects CS4 软件工作窗口

After Effects CS4 软件的工作窗口除了标题栏、菜单栏和工具箱以外，还包括项目面板、特效控制面板、合成视窗、合成时间线窗口、音频面板、信息面板、播放控制面板、特效和预置面板、文字属性面板、段落面板和跟踪器面板等。

软件的基本工作流程如下：

（1）通过项目面板导入要编辑的素材并分类管理素材，如图 1.2.9 所示。

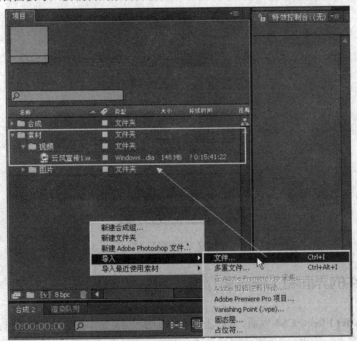

图 1.2.9　通过项目面板导入管理素材

（2）将素材添加到合成时间线，在合成时间线上设置动画关键帧，如图 1.2.10 所示。

（3）在工具箱中选择所需要的工具，在合成视窗中对素材进行编辑，如图 1.2.11 所示。

图 1.2.10 添加素材到合成时间线

图 1.2.11 选择工具在合成视窗中编辑素材

（4）通过文字面板设置文字的属性，如图 1.2.12 所示。

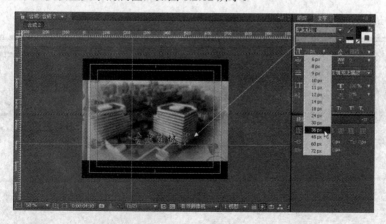

图 1.2.12 设置文字的属性

（5）在特效和预置面板中添加所需要的特效，在特效控制面板中进行特效设置，如图 1.2.13 所示。

图 1.2.13　添加特效并调整参数

（6）通过播放控制预览动画效果，如图 1.2.14 所示。

图 1.2.14　预览动画效果

（7）输出最终动画片段，如图 1.2.15 所示。

图 1.2.15　输出动画片段

1.2.3 工作区的自定义

After Effects 7.0 对之前软件的界面做了许多人性化的改进,而 After Effects CS4 在 After Effects 7.0 版本的基础上又做了许多改进,更方便于操作。

1. 工作区的显示方式

根据用户的需要,After Effects CS4 的工作区分为全部面板、动态跟踪、动画、文字、标准、特效、简约和绘图等部分,如图 1.2.16 所示。

图 1.2.16 工作区下拉菜单

提示:选择"解除面板停靠"选项可以将工作区间的各面板解除停靠,也可以将用户自定义编辑的工作区通过"新建工作区"进行保存,编辑工作区时,可以通过"重置『标准』工作区"重置到标准工作区状态。

2. 工作区各面板的关闭和打开

工作区面板的关闭有以下几种方法:

(1)单击面板上的关闭按钮███,如图 1.2.17 所示。

(2)在面板的右上角单击面板选项按钮███,选择"关闭面板"选项,如图 1.2.18 所示。

图 1.2.17 关闭项目面板

图 1.2.18 面板选项菜单

注意:选择"关闭面板"选项将关闭当前的"文字"面板,选择"关闭窗口"选项将关闭面板所处位置的"项目"面板的整个窗口,如图 1.2.19 所示。

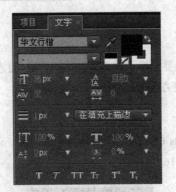

图 1.2.19　项目和文字属性面板

关闭了工作区的项目面板以后，可以通过用鼠标单击菜单"窗口"→"项目"，打开项目面板，如图 1.2.20 所示。

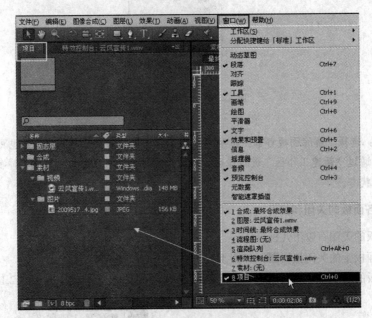

图 1.2.20　打开项目面板

提示：软件工作区其他面板打开和关闭的方法与项目面板完全相同，都可以通过"窗口"菜单下选择面板的名称打开或者关闭，名称前面有对钩的面板为显示状态，没有对钩的面板为关闭状态。

3. 面板大小的改变和嵌套

当鼠标移动至面板的边界处时会变成黑色的双向箭头，单击鼠标左键拖动可以改变相邻两个面板的大小，如图 1.2.21 所示。

当鼠标移动至多个面板边界处时会变成黑色的十字箭头，单击鼠标左键拖动可以改变相邻多个面板的大小，如图 1.2.22 所示。

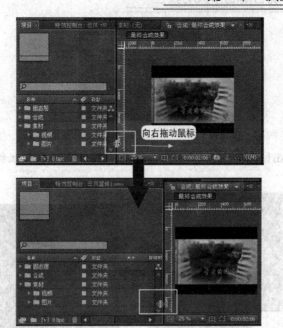

图 1.2.21 改变相邻两个面板的大小

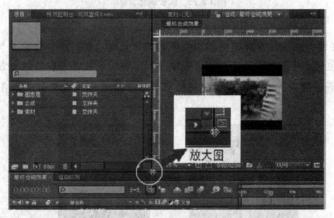

图 1.2.22 改变相邻多个面板的大小

在面板的右上角点击面板选项 ▤ 按钮选择 "解除面板停靠" 选项，可以解除面板与窗口的停靠，如图 1.2.23 所示。

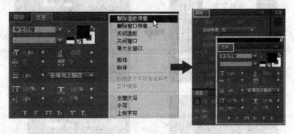

图 1.2.23 解除面板停靠

提示：按住 Ctrl 键后，在要解除停靠的面板左上角单击鼠标左键向下拖拽，也可以解除面板与窗口的停靠，如图 1.2.24 所示。

图 1.2.24　用鼠标拖动解除面板停靠

在面板的左上角单击鼠标左键拖动到要嵌套的窗口里，可以将面板嵌套在窗口里，如图 1.2.25 所示。

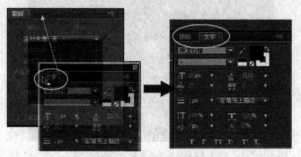

图 1.2.25　面板嵌套于窗口

注意：在键盘上按住 Ctrl 键拖动到要嵌套的窗口时，嵌套窗口会有 5 个蓝色块，一定要注意嵌套窗口的面板位置。将面板拖到上面的蓝色块里时，面板会在嵌套窗口的上方，拖到左面的蓝色块里时，面板会在嵌套窗口的左方，拖到中间的蓝色四方块里将和嵌套窗口已有的面板并列，如图 1.2.26 所示。

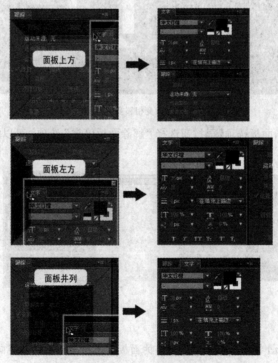

图 1.2.26　面板嵌套的位置

1.2.4 软件的设置

对于刚安装好的 After Effects CS4 软件要对它进行各个参数的设置，这样软件才能更好地为我们所利用，达到事半功倍的效果。

1. 工程项目设置

（1）单击鼠标菜单"文件"→"项目设置"选项，或者在项目面板的右上角单击面板选项 按钮选择"项目设置"选项，如图 1.2.27 所示。

图 1.2.27 面板选项下拉菜单

（2）在"项目设置"对话框里根据用户需要设置项目工程的显示风格、颜色设置、音频设置等信息，参数仅供参考，如图 1.2.28 所示。

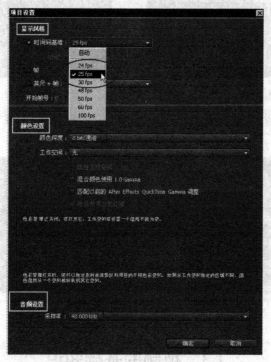

图 1.2.28 项目设置对话框

2. 参数设置

（1）单击鼠标菜单"编辑"→"参数"→"常规"选项，在弹出的"参数"选项卡里对常规参数进行设置，如图 1.2.29 所示。

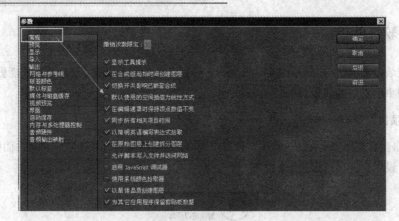

图 1.2.29 参数设置选项卡

（2）单击"参数"设置选项卡里的"导入"选项，设置"导入"参数如图 1.2.30 所示。

（3）单击"参数"设置选项卡里的"自动保存"选项，勾选"自动保存项目"选项，保存间隔设置为 5 分钟，如图 1.2.31 所示。

图 1.2.30 设置导入参数

图 1.2.31 自动保存设置

（4）单击"参数"设置选项卡里的"界面"选项，用鼠标单击"亮度"滑块可以改变软件界面的亮度，如图 1.2.32 所示。

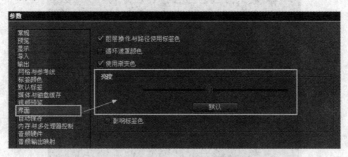

图 1.2.32 界面亮度设置

1.3 视频的基础知识

要真正掌握并使用一款视频特效软件，不仅要掌握软件的基本操作，还要掌握视频的基础知识，如数字视频的概念、电视制式、帧与场的扫描方式和常用视频格式等。

1.3.1　视频的概念

1．视频的概念

众所周知，电影是以每秒 24 帧的速度放映的，而电视由于制式不同帧速率也不同，由于人眼视觉分辨力的局限性，那些具有连贯性静态画面的播放展现在眼前便宛如真实运动了。

视频是指由一系列静态图像所组成，但能够通过快速播放使其"运动"起来的影像记录技术。也就是说，视频本身不过是一系列静态图像的组合。

2．模拟信号

从表现形式上来看，模拟信号由连续且不断变化的物理量来表示信息，其电信号的幅度、频率或相位都会随着时间和数值的变化而连续变化。模拟信号的这一特性，使得信号所受到的任何干扰都会造成信号失真。长期以来的应用实践也证明，模拟信号会在复制或传输过程中，不断发生衰减，并混入噪波，从而使其保真度大幅降低。

提示：在模拟通信中，为了提高信噪比，需要在信号传输过程中及时对衰减的信号进行放大，这就使得信号在传输时所叠加的噪声（不可避免）也会被同时放大。随着传输距离的增加，噪声累积越来越多，以至传输质量严重恶化。

3．数字信号

与模拟信号不同的数字信号的波形幅值被限制在有限个数值之内，因此其抗干扰能力强。除此之外，数字信号还具有便于存储、处理和交换，以及安全性高和相应设备易于实现集成化、微型化等优点。

1.3.2　帧与场的介绍

在电视系统中，将图像转换成顺序传送电信号的过程称为扫描。在摄像管或显像管中，电子束的扫描运动是依靠偏转线圈中流过锯齿波电流产生磁场来完成的。电子束自左至右水平方向的扫描称为行扫描；自上而下垂直方向的扫描称为帧扫描。

1．帧

视频是由一幅一幅静态画面所组成的图像序列，而组成视频的每一幅静态图像便被称为"帧"。也就是说，帧是视频（包含动画）内的单幅影像画面，相当于电影胶片上的每一格影像。

2．场

在采用隔行扫描方式进行播放的显示设备中，每一帧画面都会被拆分开进行显示，而拆分后得到的残缺画面被称为"场"。也就是说，视频画面播放为 30fps 的显示设备，实质上每秒需要播放 60 场画面；而对于 25fps 的显示设备来说，其每秒需要播放 50 场画面。

电视机的显像原理是通过电子枪发射高速电子来扫描显像管，最终使显像管上的荧光粉发光成像，而电子枪扫描图像的方式有以下两种：

逐行扫描：是电子束在屏幕上一行接一行的扫描方式。

隔行扫描：是一幅（帧）画面分成两场进行，一场扫描奇数行，另一场扫描偶数行。

提示： 为了实现准确隔行，要求每场扫描的行数加半行。一幅完整的画面是由奇数场和偶数场叠加后形成的，组成一帧两场的行扫描线。

1.3.3 电视的制式

在电视系统中，发送端将视频信息以电信号的形式进行发送，电视的制式便是在其间实现图像、伴音及其他信号正常传输与重现的方法与技术标准，因此也称为电视标准。目前，应用最为广泛的彩色电视制式主要有 3 种类型，下面便对其分别进行介绍。

1. NTSC 制式

NTSC 制式由美国国家电视标准委员会（National Television System Committee）制定，主要应用于美国、加拿大、日本、韩国、菲律宾等国家以及中国台湾地区。

2. PAL 制式

PAL 制式也采用了隔行扫描的方式进行播放，共有 625 行扫描线，分辨率为 720×576 电视线，帧速率为 25fps。目前，PAL 彩色电视制式广泛应用于德国、英国、意大利等国家和中国大陆及香港地区。

3. SECAB 制式

SECAB 制式同样采用了隔行扫描的方式进行播放，共有 625 行扫描线，分辨率为 720×576 电视线，帧速率则与 PAL 制式相同。目前，该制式主要应用于俄罗斯、法国、埃及等国家。

1.3.4 常用视频格式

经常在电脑上看到各种各样的视频格式，视频格式可以分为适合本地播放的本地影像视频和适合在网络中播放的网络流媒体影像视频，常用的视频格式有以下几种：

1. AVI

AVI（Audio Video Interleaved），音频视频交错的英文缩写。AVI 这个由微软公司发表的视频格式，在视频领域可以说是最悠久的格式之一。AVI 格式调用方便，图像质量好，压缩标准可任意选择，是应用最广泛的格式。

2. MPEG

MPEG（Motion Picture Experts Group）包括了 MPEG-1，MPEG-2 和 MPEG-4 在内的多种视频格式。MPEG-1 相信是大家接触得最多的了，因为目前其正被广泛地应用在 VCD 的制作和一些视频片段下载的网络应用上面，大部分的 VCD 都是用 MPEG1 格式压缩的，MPEG-2 则应用于 DVD 的制作。

3. MOV

使用过 Mac 机的朋友应该多少接触过 QuickTime。QuickTime 原本是 Apple 公司用于 Mac 计算机上的一种图像视频处理软件。Quick-Time 提供了两种标准图像和数字视频格式，即可以支持静态的 *.PIC 和*.JPG 图像格式以及动态的基于 Indeo 压缩法的*.MOV 和基于 MPEG 压缩法的*.MPG 视频格式。

4. WMV

WMV 是一种独立于编码方式的在 Internet 上实时传播多媒体的技术标准，Microsoft 公司希望用其取代 QuickTime 之类的技术标准以及 WAV、AVI 之类的文件扩展名。WMV 的主要优点在于可扩充媒体类型、本地或网络回放、可伸缩的媒体类型、流的优先级化、多语言支持、扩展性等。

5. 3GP

3GP 是一种 3G 流媒体的视频编码格式，主要是为了配合 3G 网络的高传输速度而开发的，也是目前手机中最为常见的一种视频格式。

6. FLV

FLV 是 FLASH VIDEO 的简称，FLV 流媒体格式是一种新的视频格式。由于它形成的文件极小、加载速度极快，用于网络观看视频文件，它的出现有效地解决了视频文件导入 Flash 后，使导出的 SWF 文件体积庞大，不能在网络上很好的使用等缺点。

本 章 小 结

本章主要介绍了 After Effects CS4 的基本功能及新增功能、软件工作区的自定义、软件的工作流程和设置，以及视频的一些基础知识等。通过本章的学习，读者对 After Effects CS4 软件有了新的认识，也掌握了最基本的视频知识，为以后的学习奠定了坚实的基础。

操 作 练 习

一、填空题

1. After Effects CS4 是_____公司推出的一款用于高端视频特效的专业_____软件。

2. 新增的欢迎界面包含了_____、_____、_____、_____、_____和_____。

3. After Effects CS4 的工作区分为_____、_____、_____、_____、_____、简约和绘图等部分。

4. 软件的工作窗口除了标题栏、菜单栏和工具箱以外，还包括项目面板、_____、_____、_____、_____、_____、_____、_____、_____、段落面板和跟踪器面板等。

5. 应用最为广泛的彩色电视制式主要有_____、_____和_____ 3 种类型。

二、选择题

1. 关闭软件的快捷键是（   ）键。

(A) Ctrl+R　　　　　　　　　　　(B) Ctrl+Q

(C) Ctrl+G　　　　　　　　　　　(D) Q

2. After Effects CS4 是（   ）公司推出的一款专业特效合成编辑软件。

(A) Corel　　　　　　　　　　　　(B) Autodesk

（C）Adobe

3．按住键盘上的（　　）键后，在要解除停靠的面板左上角单击鼠标左键向下拖拽，也可以解除面板与窗口的停靠。

（A）Ctrl
（B）Tab
（C）Shift
（D）Delete

4．我国大陆的电视制式为（　　）。

（A）SECAM
（B）NTSC
（C）PAL
（D）MPEG

三、简答题

1．简述 After Effects CS4 是一款什么软件？

2．简述 After Effects CS4 的基本功能有哪些？同时具有哪些新增功能？

3．简述 After Effects CS4 的工作流程？

4．常用的视频格式有哪些？

四、上机操作题

1．反复练习启动和退出软件。

2．练习对软件工作区的各面板关闭/打开、更改相邻面板大小、面板相互嵌套等项操作。

3．练习界面的亮度、常规参数的设置。

第 2 章　After Effects CS4 的基础操作

本章学习 After Effects CS4 的基础操作，例如新建、打开和保存以及如何导入各种素材和管理素材，合成视窗的介绍和软件其他面板的介绍。只有先掌握 After Effects CS4 的基础操作，才能更好、更快地处理视频特效。

知识要点

⊙ 文件的新建、打开和保存
⊙ 项目面板的介绍
⊙ 导入素材和管理素材
⊙ 合成视窗的介绍
⊙ 合成的设置
⊙ 工具箱的介绍

2.1　项目文件的操作

启动 After Effects CS4 软件以后，打开或者新建一个项目文件的方法和传统软件基本相同，此外，通过新增的"欢迎界面"里的"打开项目"选项也能直接打开项目文件，这样可以更快捷地操作。

2.1.1　新建、打开和保存文件

软件项目文件的新建、打开和保存操作步骤如下：

（1）单击鼠标执行菜单"文件"→"新建"→"新建项目"命令，或按"Ctrl+Alt+N"组合键新建一个项目文件，如图 2.1.1 所示。

图 2.1.1　新建项目文件

（2）单击菜单"图像合成"→"新建合成组"命令，或按"Ctrl+N"组合键新建图像合成组，如图 2.1.2 所示。

图 2.1.2　新图像合成组

（3）单击菜单"文件"→"保存"命令，或按"Ctrl+S"组合键可以保存项目文件，并输入项目文件名称，如图 2.1.3 所示。

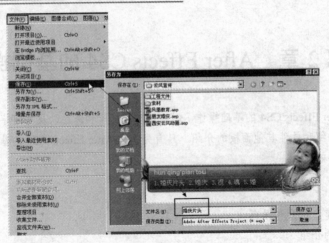

图 2.1.3　保存项目文件

提示：在项目文件保存后，文件名称"婚庆片头"会显示在软件标题栏上，*aep 为项目文件类型，如图 2.1.4 所示。

图 2.1.4　软件标题栏

（4）单击菜单"文件"→"打开项目"命令，或按"Ctrl+O"组合键可以打开项目文件，如图 2.1.5 所示。

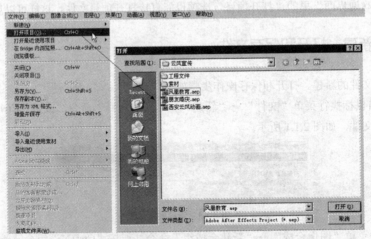

图 2.1.5　打开项目文件

2.1.2　自动存盘文件的介绍

从 After Effects 7.0 版本以后新增了自动存盘功能，软件按照用户设定时间进行自动存盘。比如正在编辑视频时电脑突然断电或者遇到突发事件未能保存项目文件时，第二次打开电脑后直接打开自动存盘文件即可。首先，启用 After Effects CS4 的"自动保存"功能，并设置其保存的时间间隔和保存项目数量等，自动存盘设置在前面的章节已经介绍了，在这里就不过多阐述了。

在使用 After Effects CS4 处理视频遇到电脑死机、断电等突发事件未能及时保存文件时，可以在项目文件保存的路径下找到自动存盘 "After Effects Auto Save" 文件夹，双击鼠标左键就可以找到自动存盘文件了，如图 2.1.6 所示。

图 2.1.6　自动存盘文件夹

提示：将鼠标放在图标上就会自动弹出工程文件的属性，包括文件的大小、上次修改日期等信息，选择一个离电脑关闭时间最近的一个图标双击就可以打开文件了，如图 2.1.7 所示。

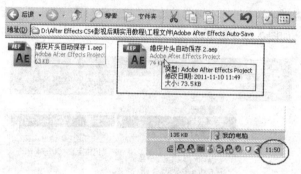

图 2.1.7　自动存盘文件

2.1.3　项目面板的介绍

项目面板的主要作用是导入素材、新建合成组、存放和管理素材，相当于一个强大的演员库。项目面板的打开和关闭在前面的章节中已经介绍过了，通过单击菜单 "窗口" → "项目" 选项可以打开项目面板。

项目面板包含了素材的信息栏、素材栏和工具栏，如图 2.1.8 所示。

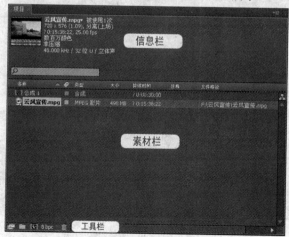

图 2.1.8　项目面板

提示： 在项目面板中选择一段素材，会在信息栏里预览素材，显示素材的名称、使用次数、持续时间、音频采样率等一些相关信息，如图 2.1.9 所示。

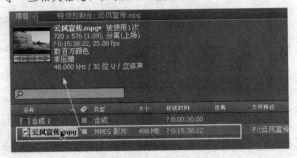

图 2.1.9　显示素材信息

在项目面板选定素材，单击鼠标右键菜单选择"定义素材"→"主要"选项，或按"Ctrl+Alt+G"组合键定义素材参数，如图 2.1.10 所示。

图 2.1.10　定义素材参数菜单

在实际工作中，定义素材的操作相当频繁，因而从 After Effects CS4 版本开始在项目面板新增了定义素材按钮　。选定素材后，在项目面板工具栏单击定义素材按钮　即可，如图 2.1.11 所示。

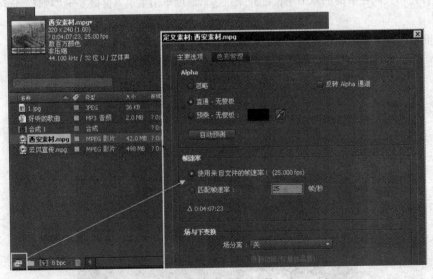

图 2.1.11　定义素材面板

在项目面板里可以通过新建文件夹的方式来管理素材，在项目面板新建文件的方式有以下几种：

（1）执行菜单"文件"→"新建"→"新建文件夹"命令，或者按"Ctrl+Alt+Shift+N"组合键。

（2）在项目面板单击鼠标右键菜单选择"新建文件夹"选项，如图 2.1.12（a）所示。

（3）在项目面板工具栏单击新建文件夹按钮，如图 2.1.12（b）所示。

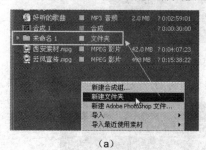

（a）　　　　　　　　　　　　（b）

图 2.1.12　新建文件夹

注意：新建文件夹的时候直接单击新建文件夹按钮，新建的文件夹和以前的文件夹为并列关系，选择以前的文件夹再单击新建文件夹按钮，那么新建的文件夹将成为以前的文件夹的子文件夹，如图 2.1.13 所示。

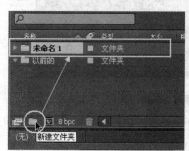
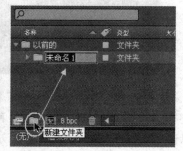

图 2.1.13　新建文件夹演示

在项目面板里可以通过删除按钮将不用的文件夹和素材删除。选择前面新建的文件夹，单击鼠标右键选择"重命名"选项，可以对素材重新命名，如图 2.1.14 所示。

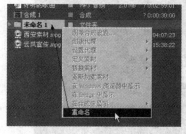

图 2.1.14　利用"鼠标右键菜单"重命名文件夹

提示：选择要重新命名的文件夹或者素材，按 Enter 键输入文件夹名称即可，如图 2.1.14 所示。

用项目面板新增的搜索功能，通过输入素材的相关字符可以快速地查找到相对应的素材，如图 2.1.15 所示。

图 2.1.15　查找素材

在项目面板单击新建合成组 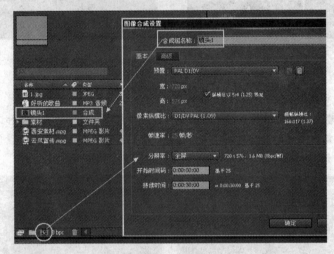 按钮，可以新建一组新的合成图像，如图 2.1.16 所示。

图 2.1.16　新建合成组

用鼠标单击颜色深度 8 bpc 按钮可以设置项目和颜色深度值，或者在按 Alt 键同时单击颜色深度 8 bpc 按钮也可以设置颜色深度值，如图 2.1.17 所示。

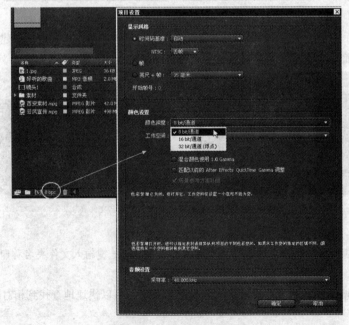

图 2.1.17　"项目设置"对话框

用鼠标单击项目面板右上角的面板选项  按钮，在下拉菜单里选择"显示栏目"→"文件路径"选项，可以在素材栏列表显示素材的"文件路径"信息，如图 2.1.18 所示。

图 2.1.18　显示文件路径信息

把鼠标放在两个信息列表中间时，鼠标变成双向箭头后可以左右拖动来改变当前列表栏的大小，如图 2.1.19（a）所示。在素材标签色块上单击鼠标左键可以更改素材标签显示颜色，如图 2.1.19（b）所示。

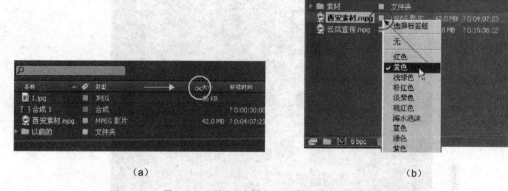

（a）　　　　　　　　　　　　　　　　　　　　（b）

图 2.1.19　更改列表栏大小及更改素材标签颜色

根据用户的需要可以具体地设置标签的颜色，操作步骤如下：

（1）单击鼠标执行菜单"编辑"→"参数"→"标签颜色"命令，弹出"参数"对话框，如图 2.1.20 所示。

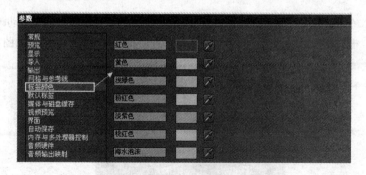

图 2.1.20　更改素材标签颜色

（2）在粉红色的色块上单击鼠标，在弹出的"标签颜色"上更改颜色，如图 2.1.21 所示。

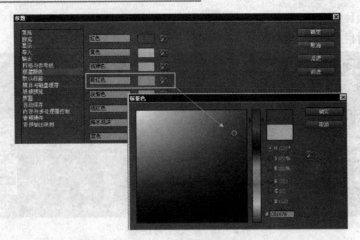

图 2.1.21　设置素材标签颜色

（3）鼠标单击"确定"按钮，完成素材标签颜色设置，如图 2.1.22 所示。

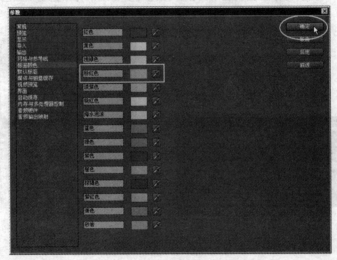

图 2.1.22　标签颜色参数对话框

2.1.4　素材的导入

　　软件可以导入的素材分为视频素材、音频素材、音视频素材、静态图片素材、动画序列素材、合成组、固态层等，根据图标可以识别不同类别的素材，方便我们对素材的管理，如图 2.1.23 所示。

图 2.1.23　素材的分类

导入素材文件有以下几种方式，操作方法如下：

（1）单击执行菜单"文件"→"导入"→"文件"命令，或按"Ctrl+I"组合键，弹出"导入文件"对话框，在其中选择需要导入的素材，如图 2.1.24 所示。

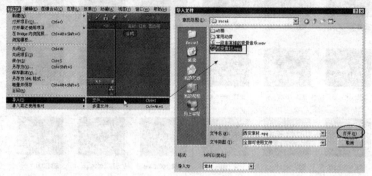

图 2.1.24　文件菜单

（2）在项目面板空白处单击鼠标右键，执行菜单"导入"→"文件"命令，弹出"导入文件"对话框，在其中选择需要导入的素材，如图 2.1.25 所示。

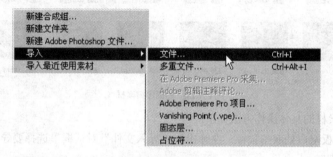

图 2.1.25　鼠标右键菜单

（3）最快捷的方法就是在项目面板空白处双击鼠标，弹出"导入文件"对话框，在其中选择需要导入的素材，如图 2.1.26 所示。

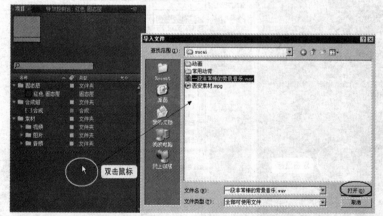

图 2.1.26　导入素材文件

2.1.5　动画序列素材的导入

前面已经介绍了素材的分类和管理，在工作实践中经常会遇到由许多连续图片组合起来的动画序列素材，如图 2.1.27 所示。

图 2.1.27 动画序列素材

导入动画序列素材的具体操作方法如下：

（1）在项目面板空白处双击鼠标，在弹出的"导入文件"对话框里选择要导入的序列素材起始图片，如图 2.1.28 所示。

图 2.1.28 导入动画序列素材

（2）在"导入文件"对话框里一定要勾选"JPG 序列"选项，这样导入的才是一个动画序列素材，如图 2.1.29（a）所示；如果要导入其中的某一张图片就去掉"JPG 序列"的勾选，最后单击"打开"按钮，如图 2.1.29（b）所示。

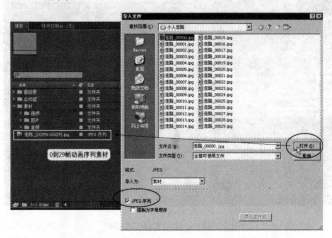

（a）

（b）

图 2.1.29　导入动画序列素材

2.1.6　定义素材

在素材导入到项目面板以后，要对其设定对应的参数。例如，Alpha 通道的选项、帧速率和场序的设置等，具体操作步骤如下：

（1）在项目面板中选择"走路动画"素材，单击定义素材按钮，弹出"定义素材"对话框，如图 2.1.30 所示。

（2）在"定义素材"对话框里设置"Alpha"透明通道选项，如图 2.1.31 所示。

提示：在设置素材"Alpha"透明通道选项时，当选择"忽略"选项则表示素材将忽略 Alpha 透明通道；当选择"直通→无蒙板"选项则表示素材带有"Alpha"透明通道；当选择"反转 Alpha

通道"选项则表示反转 Alpha 通道；单击"自动预测"按钮，系统将根据素材自动选择，如图 2.1.32 所示。

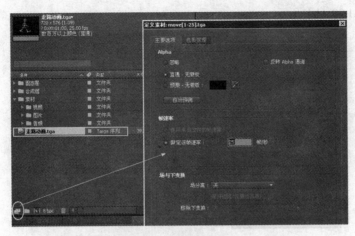

图 2.1.30 "定义素材"对话框

图 2.1.31 定义素材 Alpha 选项

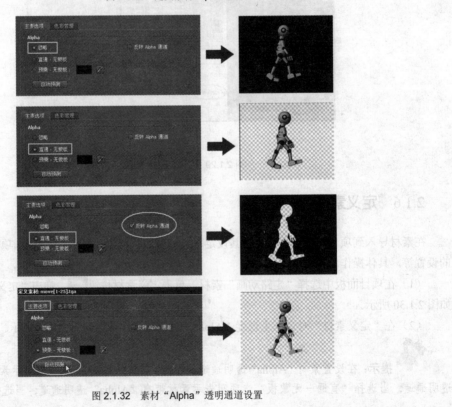

图 2.1.32 素材"Alpha"透明通道设置

（3）在"帧速率"选项栏里将"假定该帧速率"设置为 25 帧/秒，在"场与下变换"选项栏里将"场分离"设置为"下场优先"，如图 2.1.33 所示。

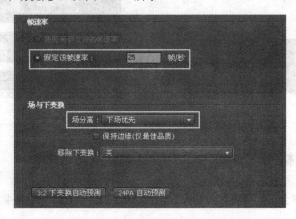

图 2.1.33　设置素材帧速率和场分离

（4）选择走路动画素材并在项目面板右上角单击面板选项按钮，在弹出的下拉菜单里选择"缩略图透明网格"选项，可以对带有"Alpha"透明通道的素材进行透明网格缩略显示，如图 2.1.34 所示。

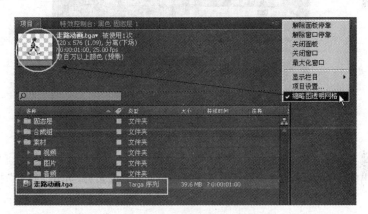

图 2.1.34　缩略图透明网格显示

（5）在"定义素材"对话框里将素材循环设置为 3 次，如图 2.1.35 所示。

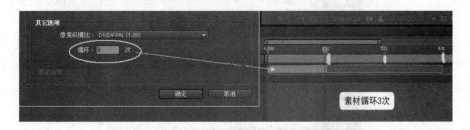

图 2.1.35　素材的循环设置

提示：在以前经常通过复制素材来实现素材的多次循环操作，而现在只要通过在"定义素材"对话框的"其他选项"选项栏里，直接设置素材的循环次数即可，如图 2.1.36 所示。

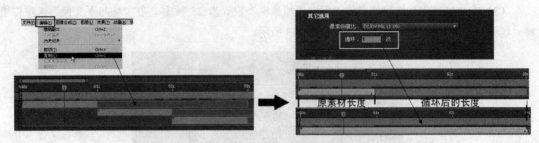

图 2.1.36　素材的循环设置对照表

2.1.7　替换素材

在工作实践中经常会遇到替换素材的操作，在 After Effects CS4 中替换素材的方法有两种，第一种方法操作步骤如下：

（1）在玫瑰素材上单击鼠标右键菜单，执行"替换素材"→"文件"命令，或按快捷键"Ctrl+H"键，如图 2.1.37 所示。

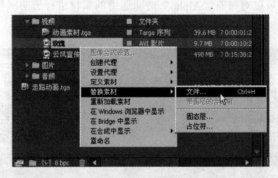

图 2.1.37　替换素材菜单

（2）在弹出的"替换素材文件"对话框里选择要替换的西安素材，单击"打开"按钮，如图 2.1.38所示。

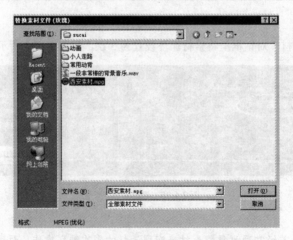

图 2.1.38　"替换素材文件"对话框

（3）项目面板的玫瑰素材就被替换成了西安素材，如图 2.1.39 所示。

图 2.1.39　替换素材文件演示

从图 2.1.39 可以看出替换后的玫瑰素材已经被西安素材所替换，虽然名称为玫瑰，但是素材实质还是西安素材。下来利用另外一种素材替换方法再将玫瑰素材替换回来，具体操作步骤如下：

（1）在项目面板空白处双击鼠标左键，在弹出的"导入文件"对话框里选择玫瑰花素材，单击"打开"按钮，如图 2.1.40 所示。

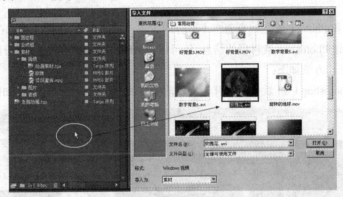

图 2.1.40　导入素材文件

（2）在项目面板按住 Alt 键单击鼠标拖动玫瑰花素材到玫瑰素材上，如图 2.1.41 所示。

图 2.1.41　替换素材文件

（3）玫瑰素材已经被成功替换，如图 2.1.42 所示。

图 2.1.42　素材被替换以后

2.1.8　导入 Photoshop 文件素材

After Effects 和 Photoshop 之间有着密不可分的关系，After Effects CS4 可以在导入 Photoshop 素材文件的同时，保留 Photoshop 素材层的信息，还可以将 After Effects CS4 的文件分层输出为 Photoshop 素材文件，具体操作方法如下：

（1）打开 Photoshop CS4 软件，打开一幅以前做好的"快乐童年"作品，如图 2.1.43 所示。

图 2.1.43　打开 Photoshop 作品

（2）在项目面板双击鼠标左键，在弹出的"导入文件"对话框里打开"快乐童年"文件，如图 2.1.44 所示。

（3）在弹出的"快乐童年*psd"对话框的导入类型里选择"素材"选项，如图 2.1.45 所示。

图 2.1.44　导入 Photoshop 作品

图 2.1.45　导入"快乐童年"素材

提示： 在"图层选项"栏里选择"合并图层"选项，将 Photoshop 文件合并图层后导入文件；在"图层选项"栏里选择"选择图层"选项，可以将 Photoshop 文件其中的一层导入文件，如图 2.1.46 所示。

（a）"合并图层"后导入文件

（b）"选择图层"后导入文件

图 2.1.46　导入文件

（4）在弹出的"快乐童年*psd"对话框的导入类型里选择"合成"选项，可以将整个 Photoshop 文件作为一个合成导入，如图 2.1.47 所示。

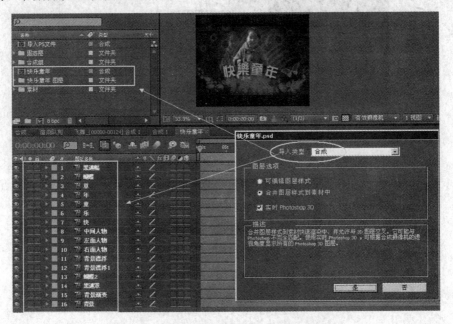

图 2.1.47　按合成类型导入 Photoshop 文件

注意： 导入到 After Effects 合成时间线的图层顺序完全和 Photoshop 文件的图层顺序相同，而且从 After Effects CS4 版本开始识别 Photoshop 文件的实时 3D 图层，如图 2.1.48 所示。

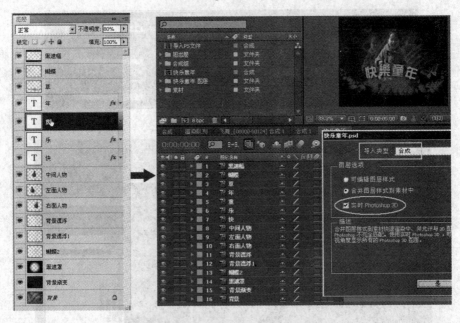

图 2.1.48　Photoshop 文件导入前后对比

After Effects CS4 版本新增了"新建 Photoshop 文件"功能，这项功能可以更灵活地将 Photoshop 文件与 After Effects 软件相结合，具体操作步骤如下：

（1）单击鼠标左键执行菜单"文件"→"新建"→"Adobe Photoshop 文件"命令，如图 2.1.49 所示。

图 2.1.49　新建 Photoshop 文件

（2）在弹出的"分层文件另存为"对话框中选择新建文件的存储路径，命名为"图像修饰"，如图 2.1.50 所示。

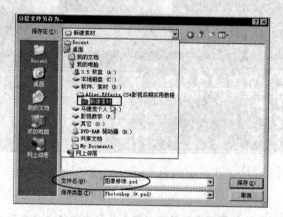

图 2.1.50　分层文件存储对话框

（3）在存盘位置就可以找到新建的 Adobe Photoshop 文件，如图 2.1.51 所示。

图 2.1.51　新建的 Photoshop 文件

2.1.9　离线素材

在再次打开项目文件以后，有时会弹出一个"After Effects 警告信息"对话框，如图 2.1.52 所示。

图 2.1.52　"After Effects"警告信息对话框

单击"确定"按钮后，发现合成视窗会呈"彩条"显示，合成时间线上的素材和项目面板的素材预览也呈"彩条"显示，这是因为项目文件中的部分素材离线所致，如图 2.1.53 所示。

图 2.1.53　素材离线显示

注意：造成素材离线的原因主要是素材所在的保存路径或者名称发生了改变。因此，做片子的时候最好在工程文件夹里建立相应的文件夹，能将素材分类来管理。例如，从家里电脑做好的工程文件要拷贝到公司的电脑上，拷贝文件的时候，最好连同素材和工程文件一起拷贝，家里的电脑保存路径和公司的保存路径保持一致，包括电脑盘符也一致，这样不容易素材离线，如图 2.1.54 所示。

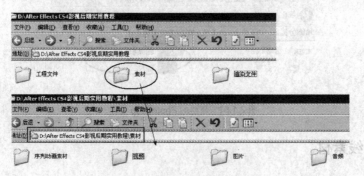

图 2.1.54　按素材分类管理素材

恢复离线素材的操作步骤如下：

（1）在项目面板里双击离线素材，弹出"替换素材文件"对话框，找到素材所在的路径位置，如图 2.1.55 所示。

（2）单击"打开"按钮后，弹出"After Effects 警告信息"对话框，表示项目文件中离线素材已经被找到，如图 2.1.56 所示。

（3）单击"确定"按钮后，项目文件中的离线素材已经被链接，如图 2.1.57 所示。

图 2.1.55　恢复离线素材

图 2.1.56　After Effects 信息对话框

图 2.1.57　链接离线素材

2.2　合成视窗的介绍

在新建一个项目文件后还必须新建一个合成文件，合成文件相当于剪辑软件的时间线序列，在项目文件里创建合成文件，然后在合成文件里导入要编辑的素材，而且各合成之间可以相互嵌套和编辑。

2.2.1　新建合成组

在每次启动 After Effects 软件后，在自动弹出的"软件欢迎使用界面"里，单击新建合成组按钮即可创建合成组，如图 2.2.1 所示。

图 2.2.1　软件欢迎使用界面

在工作实践中除了通过"欢迎使用界面"新建合成组以外还有以下几种方式，操作方法如下：

（1）单击菜单执行"图像合成"→"新建合成组"命令，或者按"Ctrl+N"组合键，如图 2.2.2 所示。

（2）在项目面板单击鼠标右键菜单选择"新建合成组"选项，如图 2.2.3 所示。

图 2.2.2　图像合成菜单

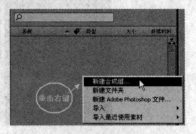

图 2.2.3　鼠标右键菜单

（3）在项目面板工具栏单击新建合成组按钮 。

2.2.2　图像合成的设置

图像合成的设置主要是对图像合成的名称、合成图像尺寸的大小、像素纵横比、帧速率、分辨率和持续时间等信息进行设置，具体操作步骤如下：

（1）单击新建合成组按钮 后，软件会自动弹出"图像合成设置"面板，如图 2.2.4 所示。

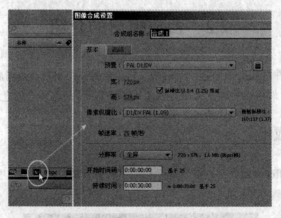

图 2.2.4　新建合成组

（2）在"合成组名称"处单击鼠标输入"片头制作"，如图 2.2.5 所示。

（3）在"基本"选项面板里设置图像合成宽、高的大小尺寸，如图 2.2.6 所示。

图 2.2.5　输入合成组名称

图 2.2.6　设置图像合成宽、高的大小

提示：通过单击"预置"选项后面的黑三角图标 ，在弹出的下拉菜单中选择"PALD1/DV"选项来设置图像合成大小，如图 2.2.7 所示。

（4）单击"像素纵横比"选项后面的黑三角图标 ▼，在弹出的下拉菜单中选择"D1/DV PAL(1.09)"选项，如图 2.2.8 所示。

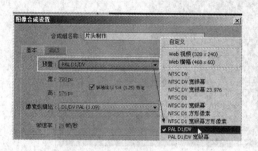

图 2.2.7　设置图像合成大小

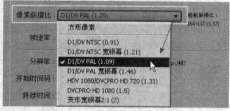

图 2.2.8　设置图像像素的纵横比

（5）最后设置图像合成的帧速率和持续时间，单击"确定"按钮完成设置，如图 2.2.9 所示。

（6）在项目面板单击"片头制作"名称可以查看合成图像的基本信息，如图 2.2.10 所示。

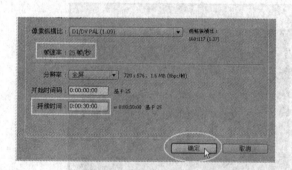

图 2.2.9　设置图像合成的帧速率和持续时间

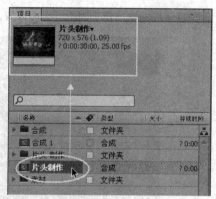

图 2.2.10　在项目面板查看合成图像的基本信息

提示： 在项目面板选择"片头制作"合成，单击鼠标右键选择"图像合成设置"选项，或单击菜单执行"图像合成"→"图像合成设置"命令，或按快捷键"Ctrl+K"打开"图像合成设置"面板，均可以重新设置图像合成信息，如图 2.2.11 所示。

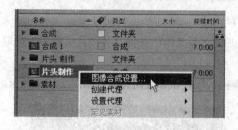

图 2.2.11　图像合成设置菜单

注意： 通过设置"开始时间码"参数，可以随意设置合成图像时间线的起始时间，如图 2.2.12 所示。

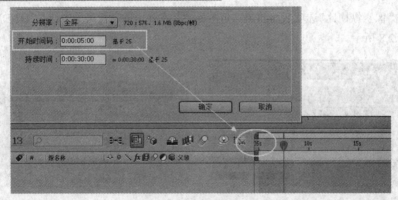

图 2.2.12 设置图像合成时间线的起始时间

2.2.3 打开和关闭合成

在项目面板选择"片头制作"合成，双击鼠标可以打开该合成，如图 2.2.13 所示。

图 2.2.13 打开合成

在合成视窗的标签栏单击黑三角图标 ▼ ，在展开的下拉菜单中选择"关闭片头制作"选项，可以关闭"片头制作"合成，如图 2.2.13 所示。

还可以在"片头制作"的合成时间线标签栏，单击关闭按钮 × 关闭合成，如图 2.2.14 所示。

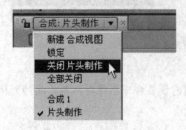

图 2.2.13 在合成视窗关闭合成

图 2.2.14 在合成时间线关闭合成

2.2.4　合成视窗的缩放

合成视窗不但可以显示合成时间线的实时动画，还可以对画面进行编辑，很形象地将 Premiere 的时间线监视功能和 Photoshop 的画布编辑功能完全融合为一体。在合成视窗编辑画面时，完全可以和 Photoshop 软件一样随意缩放合成视窗大小比例显示。

合成视窗的缩放具体操作步骤如下：

（1）在工具栏单击放大镜🔍工具，在合成视窗上单击鼠标左键放大视窗显示，按住 Alt 键的同时单击鼠标将缩小视窗显示。另外，可以通过视窗下面的工具栏查看缩放比例，如图 2.2.15 所示。

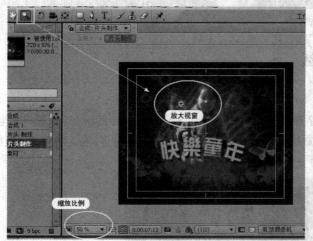

图 2.2.15　放大镜工具缩放合成视窗

提示： 在合成视窗放大后，可以在工具栏单击手形工具✋平移视窗，也可以按空格键平移视窗，如图 2.2.16 所示。

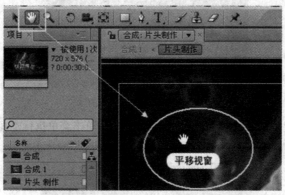

图 2.2.16　平移合成视窗

（2）在合成视窗工具栏单击缩放比例显示后面的黑三角▼图标，根据用户所需单击选择显示比例，如图 2.2.17 所示。

（3）单击菜单执行"视图"→"缩小"命令，或者滚动鼠标中间的滚轮来缩放合成视窗的大小比例显示，如图 2.2.18 所示。

图 2.2.17　缩放合成视窗　　　　　　　　　　图 2.2.18　缩放合成视窗显示

2.2.5　合成视窗的参考线

合成视窗的参考线主要有以下几种：

（1）字幕/活动安全框：确定字幕和视频的安全区域，视频画面超出活动安全区域将被电视机边缘所裁剪。十字中心线将视频画面按中心划分，确定水平和垂直的中心位置。单击参考线选项按钮 ，在展开的选项栏中选择"字幕/活动安全框"，如图 2.2.19 所示。

图 2.2.19　字幕/活动安全框的显示

（2）标尺：主要起到作图时参考辅助和测量等作用。单击菜单执行"视图"→"显示标尺"命令，按快捷键"Ctrl+R"可以显示/隐藏标尺，如图 2.2.20 所示。

图 2.2.20　显示标尺

提示：在标尺刻度处单击鼠标左键拖拽，可以拖拽出一条参考线。在标尺的左上角单击鼠标左键拖拽，可以自定义标尺"0"刻度的位置，如图 2.2.21 所示。

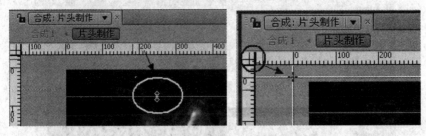

图 2.2.21　拖拽参考线和定义"0"刻度的位置

（3）参考线：参考线主要作用于辅助作图。单击菜单执行"视图"→"显示参考线"命令，或按快捷键"Ctrl+;"可以显示/隐藏参考线，如图 2.2.22 所示。

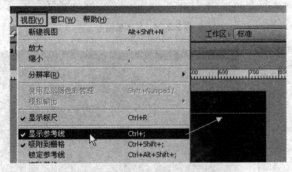

图 2.2.22　显示参考线

提示：将鼠标移动至参考线，当鼠标变成双向箭头时拖拽鼠标可以移动参考线的位置。单击鼠标左键菜单执行"视图"→"锁定参考线"命令以后，将不能移动参考线的位置，如图 2.2.23 所示。

图 2.2.23　移动和锁定参考线

（4）栅格/比例栅格：栅格的作用主要是辅助定位和参考作图。单击菜单执行"视图"→"显示栅格"命令，可以显示/隐藏栅格，如图 2.2.24 所示。

提示：单击菜单执行"编辑"→"参数"→"网格与参考线"命令，在弹出的"参数"面板里根据需要来设置网格、网格比例、参考线和安全框的相关参数，如图 2.2.25 所示。

图 2.2.24　显示栅格

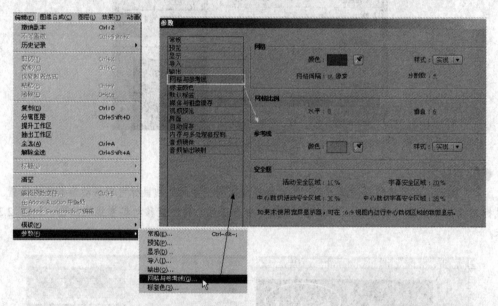

图 2.2.25　设置网格与参考线的相关参数

2.2.6　图像的分辨率和透明显示

当制作完一段动画视频时，根据用户的电脑内存大小和动画的复杂程度来决定设置画面分辨率预览动画。分辨率分为全屏、1/2、1/3 和 1/4 等，分辨率越低画面越模糊，但是预览动画越顺畅。

设置画面分辨率的具体操作步骤如下：

（1）单击菜单执行"视图"→"分辨率"→"全屏"命令，或按快捷键"Ctrl+J"设置为"全屏"模式，如图 2.2.26 所示。

（2）在合成视窗工具栏单击分辨率选项按钮，在选项栏中选择"全屏"选项，如图 2.2.27 所示。

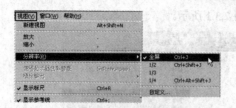

图 2.2.26　通过菜单栏设置分辨率

图 2.2.27　设置分辨率

在合成视窗工具栏单击透明栅格按钮▦，可以对带有"Alpha"透明通道的素材进行透明显示，如图 2.2.28 所示。

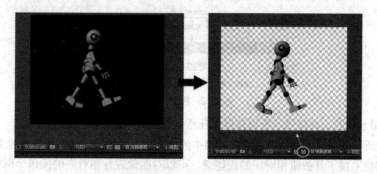

图 2.2.28　设置分辨率

单击菜单执行"图像合成"→"背景色"命令，在弹出的"背景色"对话框里可以根据用户的需要设置合成的背景色，如图 2.2.29 所示。

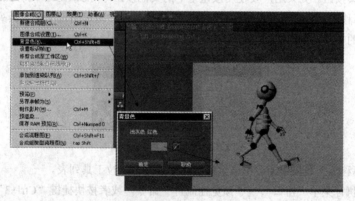

图 2.2.29　设置合成背景色

2.3　软件其他面板的介绍

软件除了上述的项目面板和合成视窗以外还有其他的一些面板，比如播放控制面板、效果预置面板、效果控制面板、音频面板、信息面板和工具箱等。

2.3.1　工具箱、预览控制台的介绍

在默认情况下，工具箱位于菜单栏的下面，可以通过鼠标单击菜单执行"窗口"→"工具"命令，

或按快捷键"Ctrl+1"显示/隐藏工具箱，如图 2.3.1 所示。

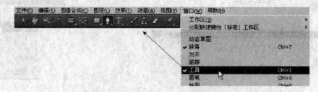

图 2.3.1　显示工具箱

打开工具箱后，发现 After Effects 软件和 Photoshop 软件工具箱里的工具几乎相同，包括常用的各种工具按钮，使用这些工具按钮可以进行选择、绘画、编辑和移动等各种操作，如图 2.3.2 所示。

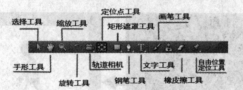

图 2.3.2　软件工具箱

如果要使用一般的工具按钮，可以按以下任意一种方法来操作。

（1）单击所需的按钮，例如，单击工具箱中的钢笔工具按钮 ，即可使用当前工具。

（2）在键盘上按工具按钮相对应的快捷键，可以对图像进行相对应的操作。例如，按"G"键可以转换为钢笔工具。

在工具箱中有许多工具按钮的右下角都有一个小三角，这个小三角表示这是一组按钮，其中包含多个相类同的工具按钮。如果用户要使用按钮组中的其他按钮，可以用以下两种操作方法来完成。

（1）将鼠标移至工具按钮上，按住鼠标左键等待大约两秒即可出现下拉工具列表，用户可以在列表中选择需要的工具，如图 2.3.3 所示。

图 2.3.3　选择工具箱工具按钮

（2）将鼠标移至工具按钮上，单击鼠标右键即可弹出下拉工具列表。

用鼠标单击执行菜单"窗口"→"预览控制台"命令，或者按快捷键"Ctrl+3"，可以显示\隐藏"预览控制台"面板，如图 2.3.4 所示。

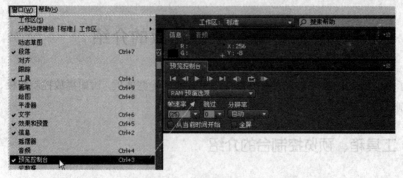

图 2.3.4　显示"预览控制台"面板

预览控制台主要是对编辑完的视频合成效果进行预览,面板上的许多播放控制按钮和剪辑软件几乎相同,如图 2.3.5 所示。

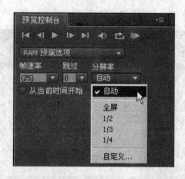

图 2.3.5　预览控制台面板

播放\暂停按钮:单击播放按钮 ,可以播放合成时间线画面内容,再次单击按钮 暂停播放,快捷键为空格键。

前一帧按钮:单击前一帧按钮 ,合成时间线播放头退后一帧,或者按"Page Up"键即可。

下一帧按钮:单击下一帧按钮 ,合成时间线播放头前进一帧,或者按"Page Down"键即可。

第一帧按钮:单击第一帧按钮 ,时间线播放头将返回第一帧的位置,快捷键为 Home 键。

结束帧按钮:单击结束按钮 ,时间线播放头将返回时间线的结束位置,快捷键为 End 键。

静音按钮:单击静音按钮 ,合成素材时将以静音模式预览动画。

循环按钮:单击按钮 为循环播放,再次单击转换为单次播放按钮 ,第三次单击转换为来回播放按钮 。

RAM 预演按钮:单击 RAM 预演按钮 ,可以预览时间线动画效果,快捷键为小键盘 0 键。

2.3.2　效果和预置、特效控制台面板

效果和预置面板主要存放了 After Effects 软件上百种特效预置,新增了特效查找功能,使用起来更加快捷。效果和预置面板的显示/隐藏方式和预览控制台完全相同,如图 2.3.6 所示。

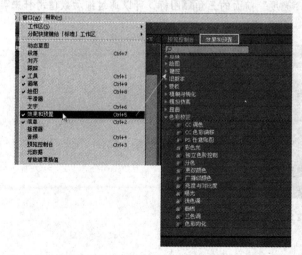

图 2.3.6　效果和预置面板的显示

特效控制台面板主要是对添加的特效进行参数设置，具体操作步骤如下：

（1）在效果控制面板里找到需要添加的 "亮度与对比度"特效，用鼠标拖拽至素材，在特效控制台面板就会显示该特效的相关参数，如图 2.3.7 所示。

图 2.3.7　效果和预置

（2）将鼠标放至"亮度"的数值上单击左键拖拽，还可以直接单击输入数值，即可改变该素材的画面亮度，如图 2.3.8 所示。

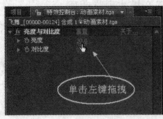 

图 2.3.8　更改或输入相关参数

注意：在调整特效数值时单击"亮度"前面的三角 图标，可以通过拖动数值滑杆来调整数值，如图 2.3.9 所示。

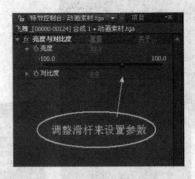

图 2.3.9　更改特效相关参数

提示：当设置特效数值时，在该数值文字上单击鼠标右键，在弹出的右键菜单里选择"重置"命令，可以将该数值重置。单击文字右边的"重置"文字，可以将该特效所有的参数重置，如图

2.3.10 所示。

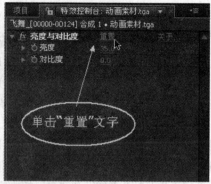

图 2.3.10　重置特效参数

单击特效控制台面板上的关闭 ✕ 按钮可以关闭该面板，或者单击菜单执行"效果"→"特效控制台"命令，按快捷键 F3 键来打开/关闭特效控制台面板，如图 2.3.11 所示。

图 2.3.11　打开/关闭特效控制台面板

本 章 小 结

本章主要介绍了 After Effects CS4 的基础操作，进一步深入讲解软件的项目面板、合成视窗、工具箱和文件的基本操作等知识。通过对本章的学习，读者对 After Effects CS4 软件有了更进一步的了解，要求读者完全掌握本章节的知识，并且能够熟练操作。

操 作 练 习

一、填空题

1．项目面板的主要作用是_____、_____、存放和管理素材的，相当于一个强大的_____。

2．项目面板包含了素材的信息栏、_____和_____。

3．在项目面板里选择一段素材，会在信息栏里预览素材、_____、_____、_____、音频采样率等一些相关信息。

4．软件可以导入的素材分为视频素材、_____、_____、_____、动画序列素材、_____和固态层等。

5．图像合成设置主要是对_____、合成图像尺寸大小、_____、_____、等信息进行设置。

二、选择题

1. 在项目面板选择"片头制作"合成，单击鼠标右键选择"图像合成设置"选项，快捷键是（　）。

  （A）Ctrl+R   （B）Ctrl+K

  （C）Ctrl+G   （D）Q

2. 在工具栏单击放大镜工具，在合成视窗上单击鼠标左键放大视窗显示，在按住（　）键的同时单击鼠标左键将缩小视窗显示。

  （A）Ctrl   （B）Shift

  （C）Alt   （D）Ctrl+ Shift

3. 标尺主要用于作图时参考辅助和测量，按快捷键（　）可以显示/隐藏标尺。

  （A）Ctrl+R   （B）Ctrl+ Shift+R

  （C）Shift+R   （D）R

4. 在玫瑰花素材上单击鼠标右键菜单，执行"替换素材"→"文件"命令，或按快捷键（　）。

  （A）H   （B）Alt+H

  （C）Shift+H   （D）Ctrl+H

5. 在项目面板中按键盘 Alt 键的同时单击鼠标拖动玫瑰花素材到钟楼素材上，那么钟楼素材被（　）。

  （A）复制   （B）替换

  （C）剪切   （D）删除

三、简答题

1. 简述造成 After Effects CS4 素材离线的原因是什么？

2. 如何替换素材？定义素材？

3. 预览控制台的主要作用是什么？

4. 如何设置合成？如何设置合成背景颜色？

四、上机操作题

1. 基础的新建、打开和保存项目文件练习。

2. 反复练习在 After Effects CS4 项目面板中导入各种素材，并定义素材或替换素材。

3. 新建合成组并对合成进行设置。

4. 显示和隐藏合成视窗的标尺、安全区域框、参考线和栅格，并能熟练缩放合成视窗的大小。

第3章 时间线的介绍

合成时间线窗口是 After Effects CS4 软件的动画核心部分，视频合成的大量工作都是在合成时间线上来完成的，在使用该软件之前先了解时间线各个工具的用途、功能和自定义时间线，在以后的剪辑工作中才能达到事半功倍的效果。

知识要点

- ◉ 合成时间线的介绍
- ◉ 时间线的嵌套
- ◉ 时间线的设置
- ◉ 编辑素材
- ◉ 图层的显示、隐藏和锁定

3.1 合成时间线的介绍

在合成时间线窗口中可以调整素材层在合成图像窗口中的时间位置、素材长度、叠加方式及合成图像的渲染范围长度等诸多方面的工具控制，它几乎包含了 After Effects 软件中的一切操作。合成时间线窗口包含三大部分：控制面板、图层区域及时间线区域，如图 3.1.1 所示。

图 3.1.1 合成时间线窗口

3.1.1 控制面板

控制面板主要是对合成时间线各图层之间进行显示/隐藏、锁定、单独显示和静音的控制，在面板的空白处单击鼠标右键，根据选择可以隐藏和显示控制面板区域，如图 3.1.2 所示。

图 3.1.2 控制面板的隐藏和显示

通过导入一段视频到合成时间线来具体解释控制区域，具体操作步骤如下：

（1）在项目面板中选择"西安素材"拖拽至合成时间线窗口，如图 3.1.3 所示。

图 3.1.3　添加素材到合成时间线

提示： 在项目面板单击选择要导入的素材，按"Ctrl+/"组合键也可以将素材导入合成时间线，如图 3.1.4 所示。

图 3.1.4　使用快捷键添加素材到合成时间线

（2）在合成时间线控制面板区域单击"西安素材"前面的显示/隐藏按钮，可以对该图层进行显示和隐藏操作，如图 3.1.5 所示。

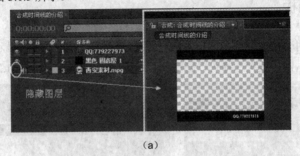

（a）

图 3.1.5　隐藏和显示图层

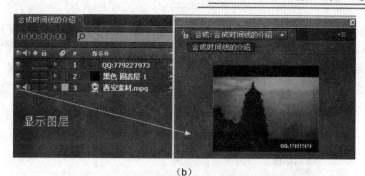

（b）

续图 3.1.5   隐藏和显示图层

（3）在合成时间线控制面板区域单击音频/静音按钮 ，可以在音频和静音模式下切换素材，如图 3.1.6 所示。

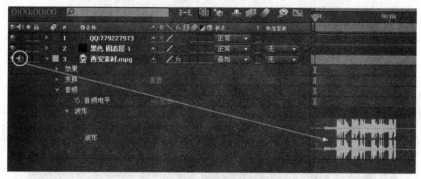

图 3.1.6   音频波形的显示

（4）在控制面板区域单击图层前面的单独显示按钮 ，可以单独显示该图层，再次单击按钮 取消单独显示，如图 3.1.7 所示。

图 3.1.7   单独显示图层

（5）在控制面板区域单击图层前面的锁定按钮 可以锁定该图层，图层锁定后不能参加任何编辑操作，再次单击按钮 解锁，如图 3.1.8 所示。

图 3.1.8   锁定图层

提示：选择图层单击菜单执行"图层"→"切换"→"锁定"命令，或按快捷键"Ctrl+L"同样也可以锁定选定图层，如图 3.1.9 所示。

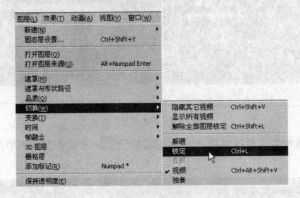

图 3.1.9　锁定图层

3.1.2　图层区域

图层的名称显示方式分为素材名称显示和图层名称显示两种，用鼠标在面板处的源名称处单击可以相互切换，如图 3.1.10 所示。

图 3.1.10　源名称的显示

提示：通过源名称面板的文字来区别图层区域是以素材名称显示还是图层名称显示。还可以从名称上区别，在名称上有中括号的为图层名称显示，没有中括号的为素材名称显示，如图 3.1.11 所示。

图 3.1.11　图层名称和素材名称显示的区别

注意：在素材名称显示下重新命名系统会自动转换为图层名称。例如，在素材名称显示下单击文字层按"Enter"键重新命名该素材，显示方式会自动改为图层名称显示方式，如图 3.1.12 所示。

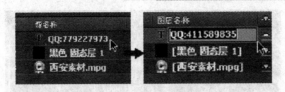

图 3.1.12 素材重新命名

在图层区域单击鼠标右键菜单"显示栏目"→"标签"选项，可以显示图层的标签颜色，如图 3.1.13 所示。

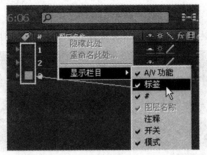

图 3.1.13 素材的标签颜色显示

标签颜色主要用于区分不同类型的合成素材和图像。在标签颜色处单击鼠标左键，在弹出的下拉颜色选项菜单里选择需要更改的颜色，如图 3.1.14 所示。

图 3.1.14 更改颜色标签

用鼠标单击标签颜色前面的三角图标■，可以展开图层的效果、变换和音频的各项属性，如图 3.1.15 所示。

图 3.1.15 展开图层的各项属性

在合成时间线窗口左下角单击图标■可以展开或者折叠图层开关框，如图 3.1.16 所示。

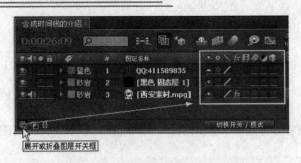

图 3.1.16　展开图层开关框

在合成时间线窗口左下角单击图标 可以展开或者折叠转换控制框，如图 3.1.17 所示。

图 3.1.17　展开转换控制框

提示：用鼠标单击合成时间线窗口下方的"切换开关/模式"按钮可以在图层开关框和转换框之间相互切换，如图 3.1.18 所示。

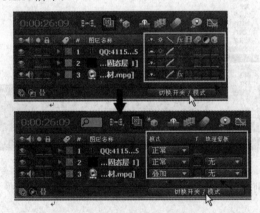

图 3.1.18　展开转换控制框

在合成时间线窗口左下角单击图标 可以展开或者折叠出入点和持续时间框，如图 3.1.19 所示。

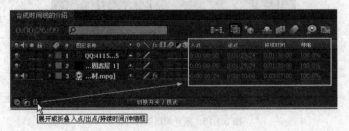

图 3.1.19　入点、出点和持续时间框

提示：将鼠标放在图层列表框和图层模式列表框的中间，当鼠标变成左右双向箭头时左右拖拽可以更改图层列表框的大小，如图 3.1.20 所示。

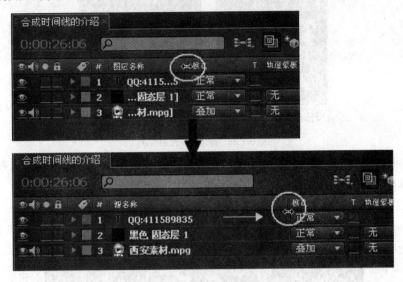

图 3.1.20 更改图层列表框的大小

3.1.3 时间线区域

时间线区域包括时间线标尺、当前时间指示器、工作区域以及时间线标记等，如图 3.1.21 所示。

图 3.1.21 时间线区域框

时间线标尺主要显示时间信息，在默认情况下由零开始，用户可以在"图像合成设置对话框"里进行设置，每个合成时间线的持续时间就是该合成的长度，如图 3.1.22 所示。

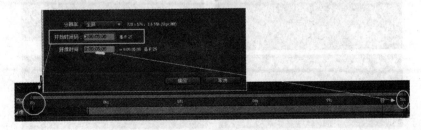

图 3.1.22 设置时间线区域的起始时间和持续时间

时间线标尺可以根据用户的需要放大或者缩小，具体操作有以下几种方式：

（1）在合成时间线窗口下方单击缩小图标 ，可以缩小时间线标尺；单击放大图标 则可以放大时间线标尺，如图 3.1.23 所示。

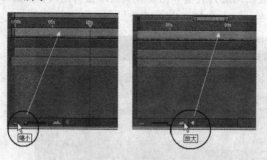

图 3.1.23　时间线标尺的缩放

（2）将鼠标移至合成时间线窗口时间导航栏处，当鼠标变成左右双向箭头时，向右拖动鼠标为缩小时间线标尺，向左拖动鼠标为放大时间线标尺，如图 3.1.24 所示。

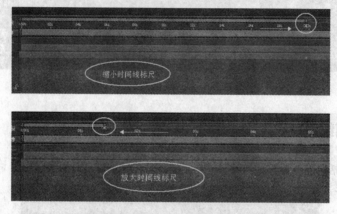

图 3.1.24　时间线标尺的缩放

（3）在软件默认的情况下，按大键盘加号键"+"为放大时间线标尺，按大键盘减号键"-"为缩小时间线标尺。

注意：单击菜单执行"文件"→"项目设置"命令，在弹出的"项目设置"对话框中，可以设置时间线标尺的显示风格，如图 3.1.25 所示。

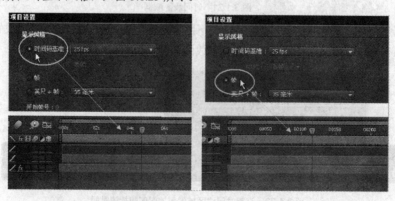

图 3.1.25　时间线标尺的显示风格

当前时间指示器相当于剪辑软件中的时间线播放头指针，拖动当前时间指示器可以在合成视窗预览动画效果。合成时间线窗口的时间码所显示的时间就是当前时间指示器所处的位置，如图 3.1.26 所示。

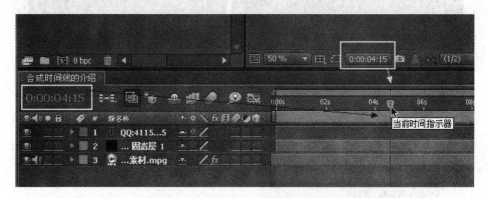

图 3.1.26 当前时间指示器和时间码的关系

在时间码位置可以更改当前时间指示器在时间线的位置，有以下几种方法：

（1）将鼠标移至合成时间线窗口左上角的时间码处左右拖动，可以改变当前时间，如图 3.1.27 所示。

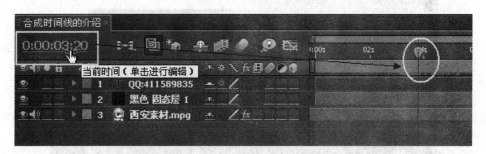

图 3.1.27 用鼠标在时间码处拖动改变当前时间

（2）用鼠标单击合成时间线窗口左上角的时间码，在弹出的"跳转时间"对话框里输入相应的数值，如图 3.1.28 所示。

图 3.1.28 用鼠标在时间码上单击更改当前时间

提示：在"跳转时间"对话框里输入数值时有两种快捷方式。例如，让当前时间指示器跳转至 2 秒处，第一种方式是在"跳转时间"对话框里输入数值"200"后按回车键；第二种方式是在"跳转时间"对话框里输入数值"2."（2 点）后按回车键，如图 3.1.29 所示。

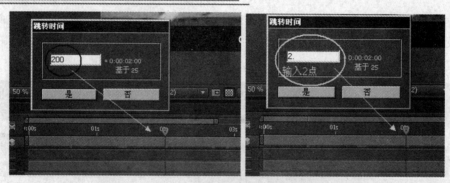

图 3.1.29　跳转时间对话框

（3）单击菜单执行"视图"→"跳转时间"命令，或者按快捷键"Alt+Shift+J"，在弹出的"跳转时间"对话框里输入相对应的数值即可，如图 3.1.30 所示。

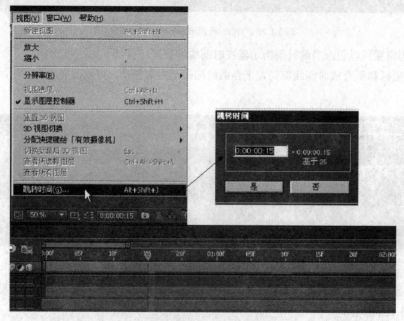

图 3.1.30　更改当前时间

（4）在合成时间线工作区单击鼠标即可改变当前时间指示器的位置，如图 3.1.31 所示。

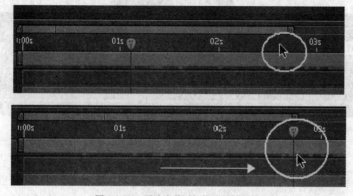

图 3.1.31　更改当前时间指示器的位置

提示：选择素材按 I 键，当前时间指示器会自动跳转到素材的起始位置；按 O 键，当前时间指示器会自动跳转到素材的结束位置，如图 3.1.32 所示。

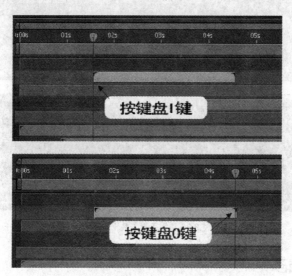

图 3.1.32　更改当前时间

在时间线工作区域放大后，可以使用以下两种方式对工作区域进行平移。

（1）单击时间线窗口下面的移动滑块可以对工作区域进行平移，如图 3.1.33 所示。

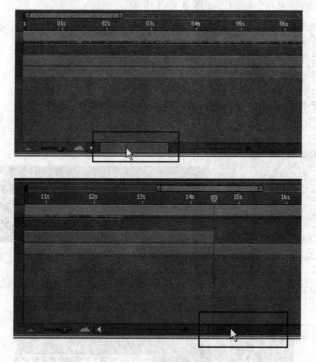

图 3.1.33　利用移动滑块平移工作区域

（2）在工具面板上单击手形工具，或者按键盘空格键，当鼠标变成手形以后在工作区单击左右移动，如图 3.1.34 所示。

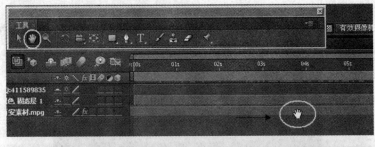

图 3.1.34　利用手形工具平移工作区域

3.1.4　添加标记

在合成时间线区域添加标记的方式有以下几种：

（1）单击菜单执行"图层"→"添加标记"命令，或者按小键盘的"＊"键，即可在合成时间线当前时间指示器的位置添加一个标记，如图 3.1.35 所示。

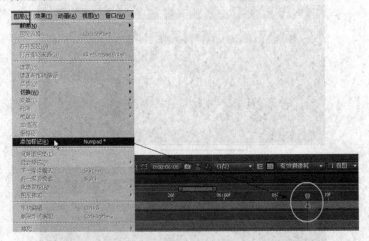

图 3.1.35　添加标记

（2）在合成时间线窗口右边单击合成标记按钮 并拖至需要添加标记的位置，如图 3.1.36 所示。

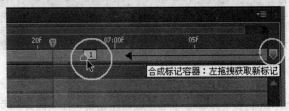

图 3.1.36　利用合成标记按钮添加标记

> **提示**：按大键盘数字键 2，当前时间指示器会自动跳转到标记 2 的位置，如图 3.1.37 所示。

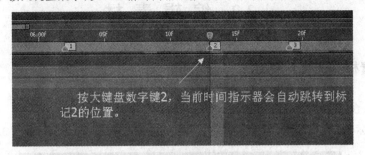

图 3.1.37 跳转时间线标记

在标记上双击鼠标左键可以对合成标记进行设置，如图 3.1.38 所示。

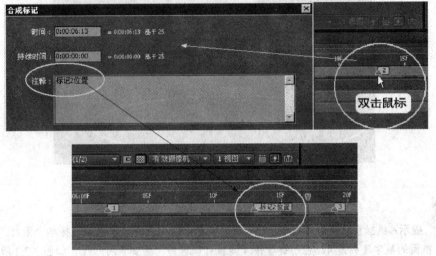

图 3.1.38 设置合成标记

在合成标记上单击鼠标右键，选择"删除这个标记"选项，可以删除合成标记，如图 3.1.39 所示。

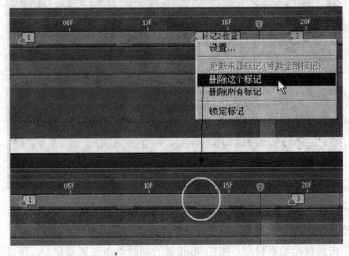

图 3.1.39 设置合成标记

3.2　编辑素材

3.2.1　素材的选择和移动

将素材导入合成时间线以后，可以通过以下方式进行选择。

（1）用鼠标单击可以选择一个素材，在按 Ctrl 键的同时单击加选素材，如图 3.2.1 所示。

图 3.2.1　选择素材

提示：根据素材前面的数字序列，在小键盘上按相应的数字也能选择单个素材。例如，"西安素材"前面的数字序列是 4，在小键盘按 4 键就可以选择"西安素材"了，如图 3.2.2 所示。

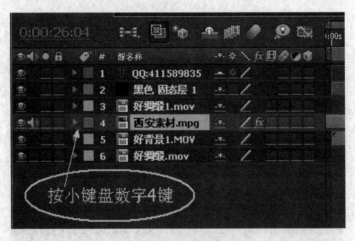

图 3.2.2　按小键盘选择素材

（2）用鼠标在图层区域框选素材，如图 3.2.3 所示。

（3）用鼠标单击选择起始素材层，按住 Shift 键的同时单击结束素材层，可以选择两个素材间的全部素材，如图 3.2.4 所示。

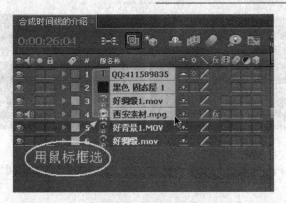

图 3.2.3　用鼠标框选素材

1. 鼠标单击选择黑色固态层

2. 按键盘Shift键同时单击"好背景1"素材

图 3.2.4　选择素材

将鼠标移至素材中间位置，单击鼠标向右移动可以向右移动素材，如图 3.2.5 所示。

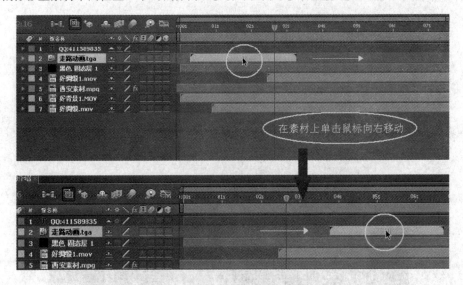

图 3.2.5　移动素材

提示：选择素材，按键盘上的 "[" 键，素材的入点处会自动跳转到当前时间指示器位置；选择素材，按键盘上的 "]" 键，素材的出点处会自动跳转到当前时间指示器位置，如图 3.2.6 所示。

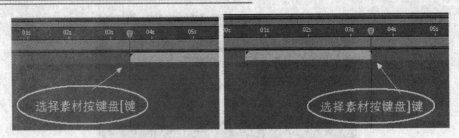

图 3.2.6　移动素材

通过单击"走路动画"素材并向下拖动到"好绸缎 1"素材的下面，可以将素材向下移动一层，如图 3.2.7 所示。

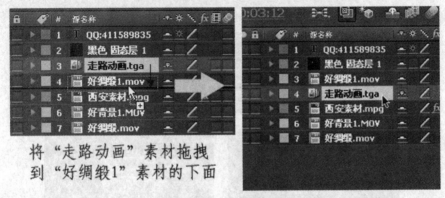

将"走路动画"素材拖拽
到"好绸缎1"素材的下面

图 3.2.7　将素材下移一层

提示：选择素材单击菜单执行"图层" → "排列" → "图层后移"命令，或者按"Ctrl+[" 键可以将素材后移一层，如图 3.2.8 所示。

图 3.2.8　图层后移一层

3.2.2 素材的编辑

选择素材单击执行菜单"编辑"→"复制"命令，或者按"Ctrl+D"组合键复制素材，如图 3.2.9 所示。

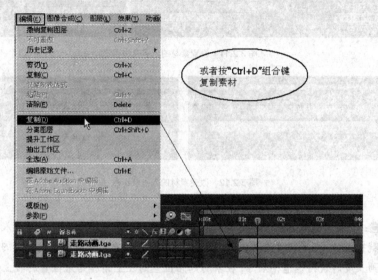

图 3.2.9 复制素材

选择素材并单击执行菜单"编辑"→"分离图层"命令，或者按"Ctrl+Shift+D"组合键分离图层，如图 3.2.10 所示。

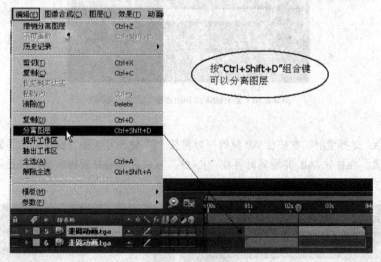

图 3.2.10 分离图层

双击"走路动画"素材，在合成视窗工具栏单击设置入点到当前时间按钮 ，可以将当前时间指示器的位置设置为素材的入点；单击设置出点到当前时间按钮 ，可以将当前时间指示器的位置设置为素材的入点，如图 3.2.11 所示。

将鼠标移至素材的入点或者出点处，当鼠标变成双向箭头时左右拖动，可以改变素材的入点和出点的位置，如图 3.2.12 所示。

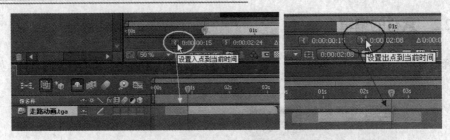

图 3.2.11　设置素材的入点及出点

图 3.2.12　改变素材的入点及出点

注意：将鼠标放在素材的尾部向左或者向右拖动，可以改变素材出点及入点的位置，但是拖到一定程度就拖不动了。因为我们导入的素材是一段动画素材，动画素材有固定的持续时间，当拖到它本身的动画长度时就再也拖不动了。在素材起始位置的左上角和结束位置的右上角有一个小黑三角，这表示素材已经被拖拽到头了，如图 3.2.13 所示。

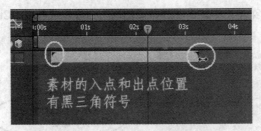

图 3.2.13　素材的入点和出点位置的黑三角符号

提示：选择素材，在按住 Alt 键的同时再按"["键，可以将当前时间指示器的位置设定为素材的入点位置；在按住 Alt 键的同时再按"]"键，可以将当前时间指示器的位置设定为素材的出点位置，如图 3.2.14 所示。

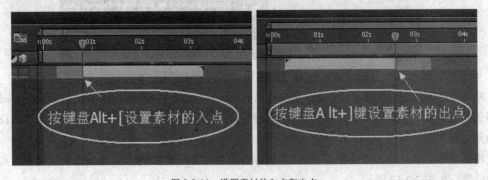

图 3.2.14　设置素材的入点和出点

3.2.3　素材的时间变速设置

素材的时间变速设置和剪辑软件基本相同，可以将素材设置为快镜头、慢镜头和倒放素材等。在 After Effects 软件里，设置素材的时间变速有以下三种方式，第一种方式的具体操作步骤如下：

（1）将"车"的素材添加到合成时间线，单击展开或折叠出入点/出点持续时间/伸缩框按钮，如图 3.2.15 所示。

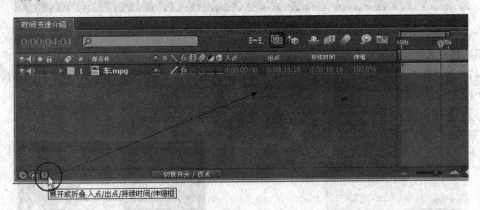

图 3.2.15　设置素材的入点和出点

（2）根据用户的需要可以设置素材的入点、出点和持续时间，将伸缩的数值大于 100%时，素材为慢镜头素材；将伸缩的数值小于 100%时，素材为快镜头素材；将伸缩的数值等于 100%时，素材为正常播放速度；将伸缩的数值等于-100%时为倒放素材，如图 3.2.16 所示。

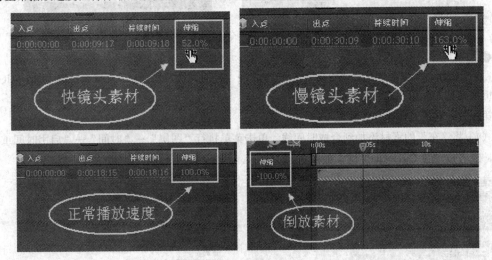

图 3.2.16　设置素材的变速和倒放

注意：素材被设置成了慢镜头后，在时间线上长度变长了，实际上入点和出点间的长度没有发生变化，素材打慢后像皮筋一样被拉长了。当设置成慢镜头素材后，播放时画面会闪动，这是由于素材的场序被打乱了，在合成时间线工具栏单击帧融合开关按钮，并在素材上启用帧融合模式即可，如图 3.2.17 所示。

图 3.2.17 启用帧融合模式

第二种方式的具体操作步骤如下：

（1）将"车"的素材添加到合成时间线，单击菜单执行"图层"→"时间"→"时间伸缩"命令，如图 3.2.18 所示。

（2）在弹出的"时间伸缩"对话框里输入数值，如图 3.2.19 所示。

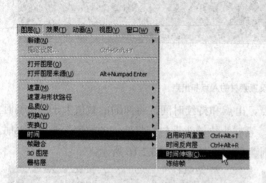

图 3.2.18 设置素材的时间伸缩

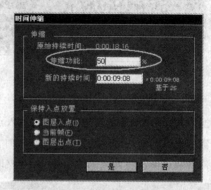

图 3.2.19 "时间伸缩"对话框

提示：单击菜单执行"图层"→"时间"→"时间反向层"命令，或按快捷键"Ctrl+Alt+R"可以倒放素材，如图 3.2.20 所示。

第三种方式的具体操作步骤如下：

（1）将"车"的素材添加到合成时间线，单击菜单执行"图层"→"时间"→"启用时间重置"命令，或者按键盘 Ctrl+Alt+T 键，如图 3.2.21 所示。

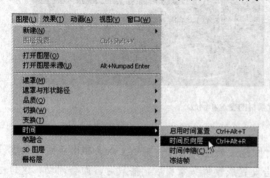

图 3.2.20 启用时间反向层

图 3.2.21 启用时间重置

（2）选择素材并单击动画图形编辑器按钮，如图 3.2.22 所示。

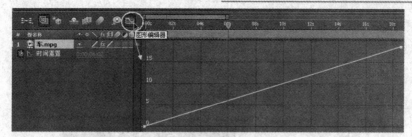

图 3.2.22 启用时间重置

（3）单击"时间重置"前面的添加关键帧图标 添加动画关键帧，如图 3.2.23 所示。

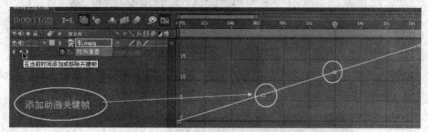

图 3.2.23 添加动画关键帧

（4）在动画图形编辑器上单击移动关键点，如图 3.2.24 所示。

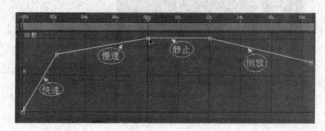

图 3.2.24 移动关键点

（5）在动画图形编辑器选择要编辑的动画关键点，单击工具栏曲线入点按钮 ，用鼠标调整曲线手柄即可，如图 3.2.25 所示。

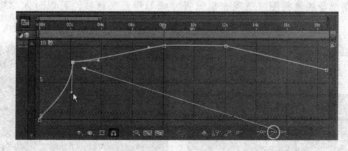

图 3.2.25 调整曲线手柄

3.2.4 素材的预合成

素材的预合成是将选择的素材组成一个整体并放入新建的合成中，具体操作方法如下：

（1）单击菜单执行"图层"→"预合成"命令，或者按"Ctrl+Shift+C"组合键，如图 3.2.26 所示。

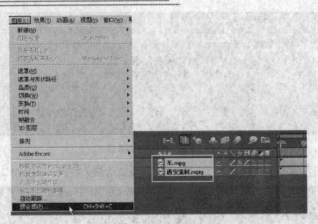

图 3.2.26　预合成素材

（2）在弹出的"预合成"对话框里单击"确定"按钮，将"车"和"西安素材"预设到"新合成"里，如图 3.2.27 所示。

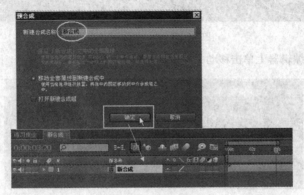

图 3.2.27　"预合成"对话框

提示：在"新合成"的合成上双击鼠标左键可以进入该合成，如图 3.2.28 所示；单击合成流程图按钮 ，在"合成流程图"选项卡里选择"练习作业"选项，可以进入"练习作业"合成，如图 3.2.29 所示。

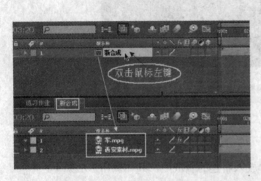

图 3.2.28　双击鼠标进入合成

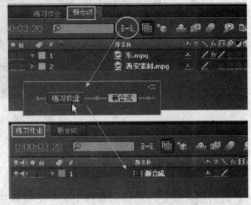

图 3.2.29　利用"合成流程图"选择合成

注意：在"预合成"对话框里，选择"保留新合成中的属性"选项时，预合成后，原素材的特效属性全部保留在新合成中，如图 3.2.30 所示；选择"移动全部属性到新建合成中"选项时，合成无原素材的特效，而素材被预合成后仍带有特效，如图 3.2.31 所示。

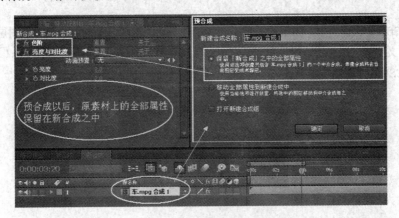

图 3.2.30 预合成的设置

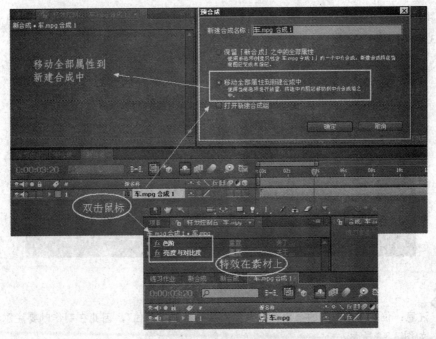

图 3.2.31 预合成的设置选项

3.3 图层的应用

图层的实质就是将画面的各个组成部分分别画在不同的透明纸上，而每一张透明纸可以视为一个图层，一幅完整的画面就是由许多个图层叠放组合起来的。

其实，Photoshop 和 After Effects 软件最大的一个优势就是可以分层进行编辑，画面中的每个图层都是相互独立的，可以对其中的某一层进行单独编辑、绘制、添加特效等操作，而不会影响到其他的图层。

3.3.1 图层的类型

在 After Effects 软件当中，图层的类型不同其属性与功能也随之不同。一般可将图层分为普通图层、固态层、文字层、照明层、摄像机层、空白对象层、形状图层和调节层，如图 3.3.1 所示。另外，After Effects CS4 软件还新增了新建 Adobe Photoshop 文件的功能。

图 3.3.1　图层的类型

1．普通图层

普通图层也是一般最常用的图层，将素材从项目面板添加到合成时间线就会自动产生一个普通层，如图 3.3.2 所示。

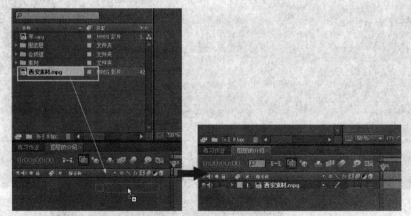

图 3.3.2　添加素材到合成时间线

注意：位于上面图层的画面会把下面图层的画面"盖住"，因此在制作时要注意各图层的叠放顺序，如图 3.3.3 所示。

图 3.3.3　两个图层的叠放顺序

2．文字层

文字层的创建有以下两种方法：

（1）在工具箱单击文字工具按钮 T，在合成视窗单击并输入文字，就会自动产生一个文字图层，如图 3.3.4 所示。

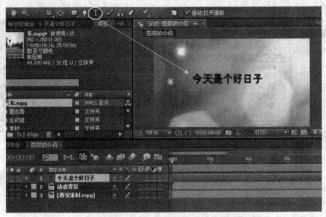

图 3.3.4　利用文字工具创建文字层

（2）在合成时间线单击鼠标右键，再在右键菜单里单击"新建"→"文字"选项，也可以创建文字图层，如图 3.3.5 所示。

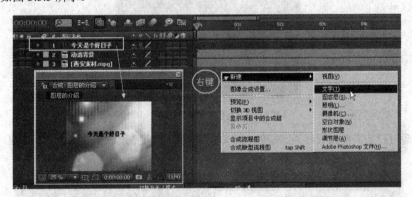

图 3.3.5　创建文字图层

3．固态层

固态层的实质就是一种单一颜色的图层，在固态层可以添加特效、填入一种纯色、渐变色和图案等。固态图层的具体操作步骤如下：

（1）单击菜单执行"图层"→"新建"→"固态层"命令，或者按"Ctrl+Y"组合键，如图 3.3.6 所示。

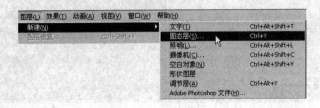

图 3.3.6　新建固态层

提示：在合成时间线单击鼠标右键，再在右键菜单里单击"新建"→"固态层"选项，也可以创建固态层，如图 3.3.7 所示。

（2）在弹出的"固态层设置"对话框里输入固态层的名称，并设置固态层的大小，如图 3.3.8 所示。

图 3.3.7　新建固态层菜单

图 3.3.8　"固态层设置"对话框

提示：在"固态层设置"对话框中单击 制作为合成大小 按钮，创建的固态层的大小为合成的大小，如图 3.3.9 所示。

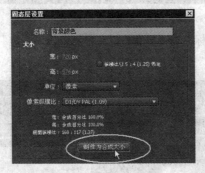

图 3.3.9　制作固态层为合成大小

（3）根据用户的需要设置好固态层的大小以后，单击"确定"按钮完成固态层的创建，如图 3.3.10 所示。

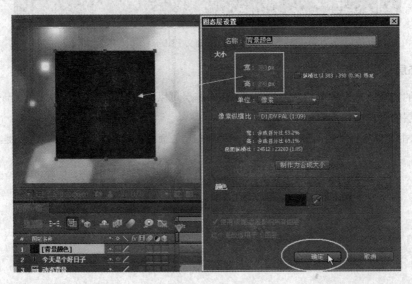

图 3.3.10　创建固态层

可以对已经创建的固态层进行设置，具体操作步骤如下：

（1）单击菜单执行"图层"→"固态层设置"命令，或者按"Ctrl+Shift+Y"组合键，如图 3.3.11 所示。

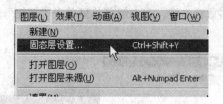

图 3.3.11　固态层的设置

（2）在弹出的"固态层设置"对话框里设置固态层的颜色，如图 3.3.12 所示。

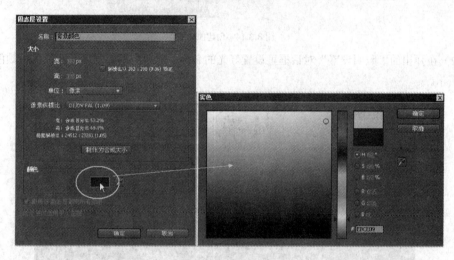

图 3.3.12　设置固态层的颜色

（3）单击"确定"按钮完成固态层的设置，如图 3.3.13 所示。

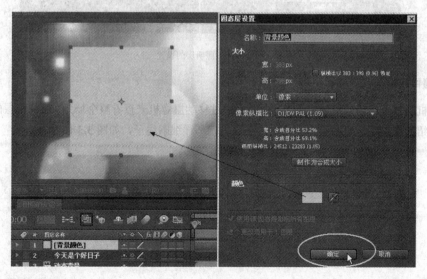

图 3.3.13　完成固态层的设置

4.照明层

照明层其实就是灯光图层,就是通过添加灯光来照亮场景。照明层的创建方式和前面介绍的固态层基本相同,具体操作步骤如下:

(1)在合成时间线单击鼠标右键,在右键菜单里单击"新建"→"照明"选项,如图 3.3.14 所示。

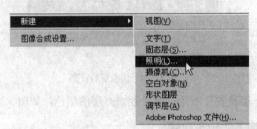

图 3.3.14　创建照明层

(2)在弹出的"照明设置"对话框里设置灯光的名称、照明类型、强度、圆锥角和颜色,如图 3.3.15 所示。

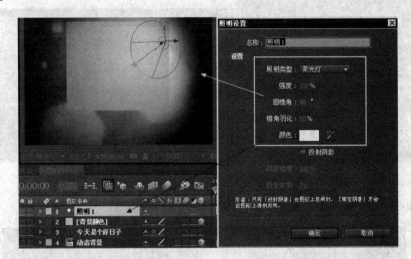

图 3.3.15　照明层的设置

5.摄像机层

摄像机层就是在场景里创建一个摄像机,通过移动摄像机来查看整个场景。摄像机层的创建方式和前面介绍的固态层、照明层完全相同,在这里就不详细阐述了,如图 3.3.16 所示。

图 3.3.16　创建摄像机层

注意:创建的照明层在图层上会有一个照明图标，摄像机层上会有一个相机图标，通过这些图标来区分图层，如图 3.3.17 所示。照明层和摄像机层必须建立在 3D 图层上才能启用，如图 3.3.18 所示。

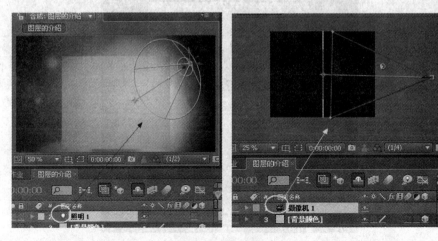

图 3.3.17　照明层和摄像机层的区分

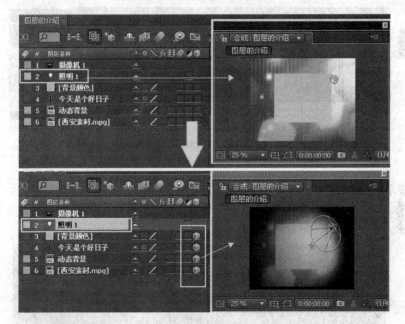

图 3.3.18　3D 图层的启用

6．空白对象层

空白对象层实质上就是一个虚拟图层，空白对象层在场景里主要起辅助作用，本身不参与渲染。

7．形状图层

用钢笔工具在合成视窗绘制的形状系统自动产生一个形状图层，如图 3.3.19 所示。

8．调节层

调节层是一种特殊的图层，主要起到调节各个图层的作用。在合成时间线单击鼠标右键菜单，选择"新建"→"调节层"选项可以创建调节层，如图 3.3.20 所示。

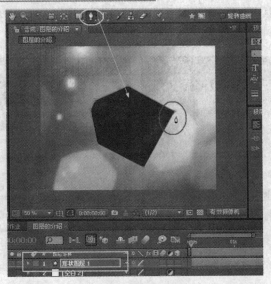

图 3.3.19　创建形状图层

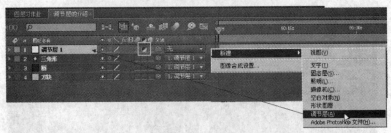

图 3.3.20　创建调节层

提示: 只通过调整调节层的参数就会影响到其他图层,而用不着分别对各个图层进行再设置。给调节层添加"快速模糊"特效,调节层下面的图层都被调节层的"快速模糊"特效所调节,如图 3.3.21 所示。

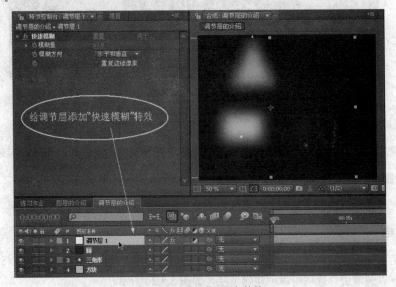

图 3.3.21　给调节层添加特效

3.3.2 变换图层

在图层面板单击图标▶展开图层的属性，继续单击"变换"前面的图标▶展开图层的变换属性，如图 3.3.22 所示。

图 3.3.22 图层的变换属性

图层的变换属性包括定位点、位置、比例、旋转和透明度，通过设置"定位点"的数值可以改变图层的中心锚点，如图 3.3.23 所示。

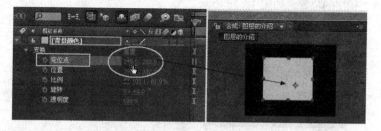

图 3.3.23 设置定位点参数

提示：在项目合成设置面板里单击"高级"选项，鼠标单击可以设置定位点的位置，如图 3.3.24 所示。在工具栏里单击定位点工具按钮■可以直接移动定位点的位置，如图 3.3.25 所示。

图 3.3.24 设置定位点的位置

图 3.3.25 移动定位点的位置

用鼠标单击设置"位置"的数值可以改变图层的位置，如图 3.3.26 所示。

图 3.3.26 设置图层的位置参数

注意：在未开启 3D 图层的情况下，定位点、位置和比例的数值都为 X、Y 两个数值，X 为水平方向、Y 为垂直方向，如图 3.3.27 所示。

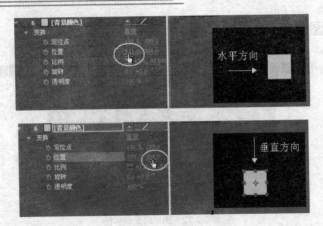

图 3.3.27 改变图层的设置

另外，用鼠标单击菜单执行"图层"→"变换"→"位置"命令，在弹出的"位置"对话框里设置参数也可以改变图层的位置，如图 3.3.28 所示。

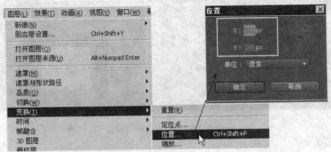

图 3.3.28 设置图层的位置参数

用鼠标单击动画码表图标 可以为图层位置设置动画，具体操作步骤如下：

（1）单击动画码表图标 将在时间线自动记录动画关键帧，如图 3.3.29 所示。

图 3.3.29 自动记录动画关键帧

（2）用鼠标移动当前时间指示器，设置位置参数，系统将自动记录动画关键帧，如图 3.3.30 所示。

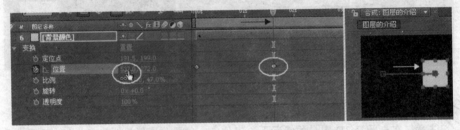

图 3.3.30 通过设置图层的位置参数来设置动画

注意：用 After Effects CS4 软件设置关键帧动画，当按下动画码表图标 时将设置一个动画关键帧，改变相对应的参数，系统会自动记录动画，无须每次按动画码表图标 。由起始帧和结束帧的两个动画关键帧确定一段动画，两个关键帧的中间部分电脑会自动计算，如图 3.3.31 所示。

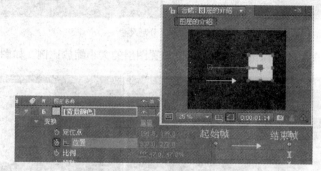

图 3.3.31　设置图层的关键帧动画

（3）用鼠标单击在当前时间添加/删除关键帧图标 ，在当前时间指示器位置自动添加一个关键帧，如图 3.3.32 所示。

图 3.3.32　添加动画关键帧

（4）用鼠标单击转到上一关键帧按钮 ，在图层的"位置"处单击鼠标右键菜单选择"编辑数值"选项，在弹出的"位置"对话框里设置参数即可改变动画，如图 3.3.33 所示。

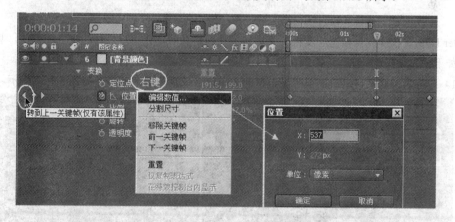

图 3.3.33　设置动画参数

提示：在"位置"处单击鼠标右键菜单选择"分割尺寸"选项，可以将图层"位置"X、Y 的尺寸分割，如图 3.3.34 所示。

图 3.3.34　分割尺寸

用鼠标单击设置图层的"比例"参数，可以设置图层的大小缩放比例，如图 3.3.35 所示。

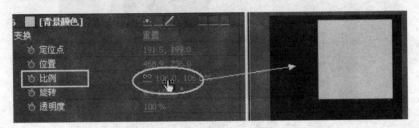

图 3.3.35　设置图层的大小缩放比例

提示：用鼠标单击去掉图层"比例"数值前面的约束比例按钮，可以断开图层"长度"和"宽度"的锁定，如图 3.3.36 所示。

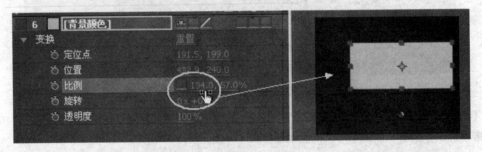

图 3.3.36　断开约束比例缩放

After Effects CS4 软件在图层变换上又增加了几项新功能，让用户操作起来更加方便，其具体操作步骤如下：

（1）导入长颈鹿素材以后，很明显素材的大小比合成视窗要大的多，如图 3.3.37 所示。

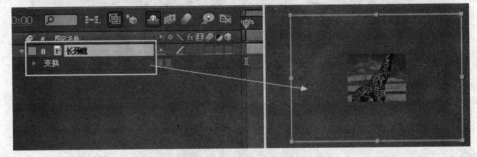

图 3.3.37　长颈鹿素材的显示

（2）单击菜单执行"图层"→"变换"→"适配到合成"命令，或者按"Ctrl+Alt+F"组合键，将素材自动适配到合成大小，如图 3.3.38 所示。

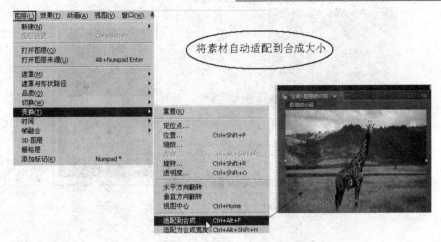

图 3.3.38　适配到合成大小

（3）单击菜单执行"图层"→"变换"→"水平方向翻转"命令，可将素材沿水平方向翻转，如图 3.3.39 所示。

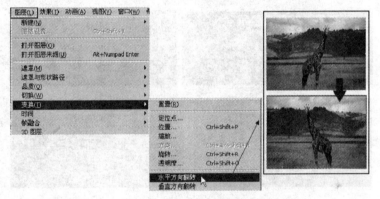

图 3.3.39　沿水平方向翻转素材

（3）单击菜单执行"图层"→"变换"→"垂直方向翻转"命令，可将素材沿垂直方向翻转，如图 3.3.40 所示。

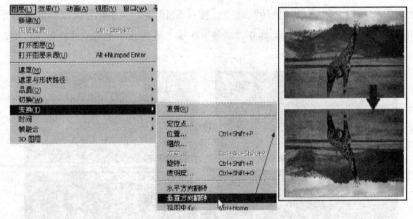

图 3.3.40　沿垂直方向翻转素材

（4）单击菜单执行"图层"→"变换"→"视图中心"命令，可将素材自动跳转到合成的视图中心，如图 3.3.41 所示。

图 3.3.41 自动跳转到合成视图中心

提示：选择图层按键盘 P 键，可以快速调出图层的"位置"选项；按键盘 S 键，可以快速调出图层的"比例"选项；按键盘 R 键，可以快速调出图层的"旋转"选项；按键盘 T 键，可以快速调出图层的"透明度"选项；如图 3.3.42 所示。

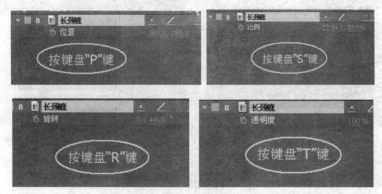

图 3.3.42 变换图层的快速方式

注意：按住 Shift 键可以加选其他图层变换选项，例如：按住键盘 Shift 键的同时再按 R 键，在保留"透明度"的同时再次调出"旋转"选项；按住 Shift 键和 Alt 键可以减选其他图层变换选项，例如：按住 Shift 键和 Alt 键的同时用鼠标在"旋转"选项上单击，即可取消"旋转"选项，如图 3.3.43 所示。

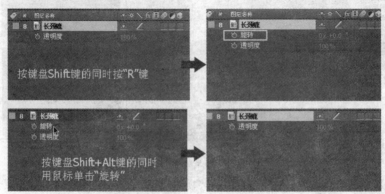

图 3.3.43 变换图层的加、减选择

3.3.3　图层模式

图层模式决定于当前图层中的画面与下面其他图层中的画面以哪种方式进行混合和溶图。打开图层叠加模式有以下几种方式：

（1）单击菜单执行"图层"→"混合模式"命令，在"混合模式"的下拉列表中选择所需要的图层模式，如图 3.3.44 所示。

（2）在图层面板中单击"混合模式"右边的三角图标，即可弹出混合模式的下拉列表，如图 3.3.45 所示。

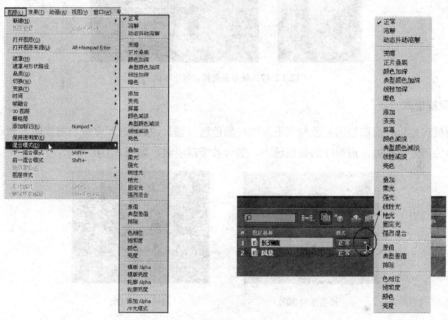

图 3.3.44　通过图层菜单弹出图层模式列表　　　　图 3.3.45　通过图层面板选择混合模式下拉列表

（3）在图层面板中选择图层单击鼠标右键菜单选择"混合模式"选项，即可弹出混合模式的下拉列表，如图 3.3.46 所示。

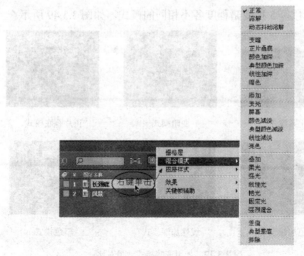

图 3.3.46　通过图层右键菜单选择混合模式下拉列表

1. 正常模式

正常模式是图层的默认模式，也是最常用的模式。在这种模式下，将两个图层进行简单覆盖叠加，通过透明度控制溶图效果，如图 3.3.47 所示上面图层画面为长颈鹿，下面图层画面为风景素材，当透明度为 50%时两个图层为融入效果。

图 3.3.47　使用正常模式效果对比

2. 溶解模式

溶解模式是以当前图层的颜色与其下面图层颜色进行融合，按照透明度将当前层溶入到底层图像中，多余的部分将扔掉，透明度的数值越小，融合效果越明显，如图 3.3.48 所示。

透明度为 80%　　　　　　　　　　透明度为 10%

图 3.3.48　使用溶解模式效果对比

3. 变暗模式

变暗模式是依据两个图层像素，用暗的像素取代亮的像素。变暗模式分别包括变暗、正片叠底、颜色加深、线性加深和暗色等 5 种变暗程度各不相同的模式，如图 3.3.49 所示。

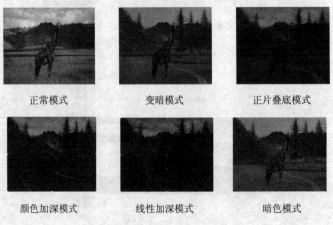

正常模式　　　　　　变暗模式　　　　　　正片叠底模式

颜色加深模式　　　　线性加深模式　　　　　暗色模式

图 3.3.49　使用变暗模式效果对比

4．变亮模式

变亮模式是依据两个图层像素，在画面亮的部分进行加运算变亮，在暗的部分不变，结果是两个图层亮的部分更亮，暗的部分或黑色部分不变。变亮模式和变暗模式正好相反，变亮模式分别包括添加、变亮、屏幕、颜色减淡、线性减淡和亮色等 6 种变亮程度各不相同的模式，如图 3.3.50 所示。

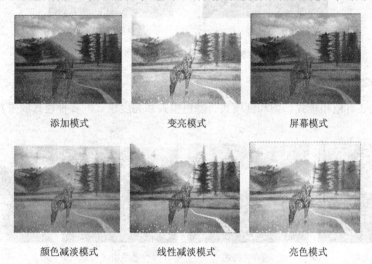

添加模式　　　　　　　　变亮模式　　　　　　　　屏幕模式

颜色减淡模式　　　　　　线性减淡模式　　　　　　亮色模式

图 3.3.50　使用变亮模式效果对比

5．叠加模式

叠加模式是综合了"屏幕"和"正片叠底"两种模式，对当前层进行分析，灰度大于 50%的地方用屏幕方式进行处理，小于 50%的地方用正片叠底方式进行处理，呈现变暗，如图 3.3.51 所示。

正常模式　　　　　叠加模式　　　　　柔光模式　　　　　强光模式

线性光模式　　　　艳光模式　　　　　固定光模式　　　　强烈混合模式

图 3.3.51　各种不同叠加模式效果对比

6．差值和排除模式

差值模式是将当前层颜色进行反向处理与底层图像融合，排除模式正好与差值模式相反，效果如图 3.3.52 所示。

差值模式   排除模式

图 3.3.52   差值和排除模式效果对比

7.其他模式

其他的模式还有色相模式、饱和度模式、颜色模式和亮度模式，各种模式效果对比如图 3.3.53 所示。

色相模式   饱和度模式   颜色模式   亮度模式

图 3.3.53   其他各种模式效果对比

3.3.4   应用轨道蒙板

应用轨道蒙板其实相当于 Photoshop 软件中的图层蒙板，主要用于显示或者屏蔽的区域图像，并将部分图像处理成透明或半透明的效果。

应用轨道蒙板的具体操作步骤如下：

（1）导入已经做好的一张"白色拼图"文件添加到合成时间线，再导入"风景"素材放到拼图素材的下一层，如图 3.3.54 所示。

图 3.3.54   添加素材到合成时间线

（2）在轨道蒙板面板单击下拉图标 ，在弹出的下拉列表中选择"Alpha 蒙板[白色拼图.psd]"选项，如图 3.3.55 所示。

图 3.3.55   添加素材到合成

（3）"白色拼图"图层自动隐藏变成蒙板图层，拼图的白色区域被选择，黑色区域透明显示，如图 3.3.56 所示。

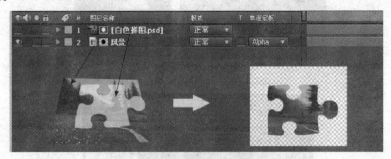

图 3.3.56　最终效果显示

（4）在轨道蒙板面板单击下拉图标 ，在弹出的下拉列表中选择"Alpha 反转蒙板[白色拼图.psd]"选项，如图 3.3.57 所示。

图 3.3.57　反转轨道蒙板显示

提示：当导入"灰色拼图"添加轨道蒙板时，黑色的区域完全透明，灰色区域半透明显示下面图层素材，如图 3.3.58 所示。

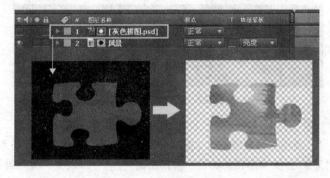

图 3.3.58　灰色轨道蒙板效果显示

3.3.5　父子链接图层

父子链接是把某个层的某个属性链接到其他层上，通过其他层的变化来相应地变化，子物体处于从属地位。父子链接图层的具体操作步骤如下：

（1）在合成时间线随意创建圆、三角形和方块素材，如图 3.3.59 所示。

（2）在合成时间线面板单击鼠标右键，在弹出的下拉列表里选择"显示栏目"→"父级"选项，调出时间线"父级"面板，如图 3.3.60 所示。

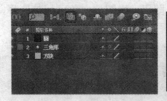

图 3.3.59 在合成时间线创建素材

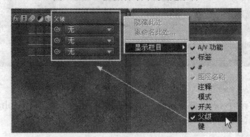

图 3.3.60 调出时间线父级面板

（3）在合成时间线的父级面板中单击下拉图标，在下拉列表中选择"圆"图层，如图 3.3.61 所示。或者单击"三角形"图层父级面板上的橡皮筋图标，用橡皮筋绑定到"圆"的图层上，如图 3.3.62 所示。

图 3.3.61 在父级面板中绑定图层

图 3.3.62 通过橡皮筋绑定图层

注意：将"三角形"图层绑定到"圆"的图层上，两个图层的父子关系成立，圆的图层相当于三角形图层的"父亲"，三角形图层相当于圆图层的"儿子"。改变"父"图层圆的位置，"子"图层三角形也跟着改变，如图 3.3.63 所示。但是改变"子"图层三角形的位置，"父"图层圆的位置不变，如图 3.3.64 所示。

图 3.3.63 三角形图层跟着圆图层移动

图 3.3.64　三角形图层移动、圆图层不动

（4）单击"方块"图层父级面板上的橡皮筋 图标，用橡皮筋绑定到"圆"的图层上，同样"方块"图层成为"圆"图层的"子"图层，如图 3.3.65 所示。

图 3.3.65　通过橡皮筋绑定图层

提示： 在"三角形"图层的父级面板上单击下拉图标 选择"无"选项，可以断开"父子"链接，如图 3.3.66 所示。

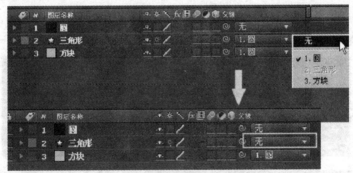

图 3.3.66　断开父子链接

3.3.6　图层属性开关

在合成时间线面板上单击右键菜单选择"显示栏目"→"开关"选项，可以显示图层属性开关面板，如图 3.3.67 所示。

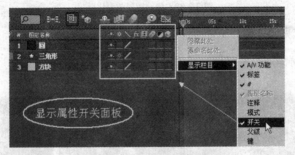

图 3.3.67　显示图层属性开关面板

图层属性开关面板包括图层隐藏开关、卷展变化/连续光栅开关、画质设定、特效启用开关、帧

融合开关、运动模糊开关、调节层开关和 3D 图层开关等选项。

1. 图层隐藏开关

为了操作方便，节约时间线的位置大小，经常需要将某个图层暂时隐藏起来。被隐藏的图层仍然对合成画面起作用。用鼠标单击"好绸缎"图层的隐藏图层按钮，再单击总开关按钮，"好绸缎"素材就被隐藏起来了，在合成视窗依然显示"好绸缎"素材，如图 3.3.68 所示。

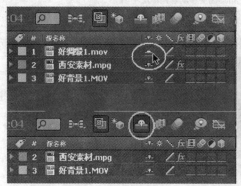

图 3.3.68　隐藏图层

注意：单击图层显示/隐藏图标，它只是该图层在合成视窗显示和隐藏的方式；而单击隐藏图层图标，图层虽然被隐藏但是依然在合成视窗显示，如图 3.3.69 所示。

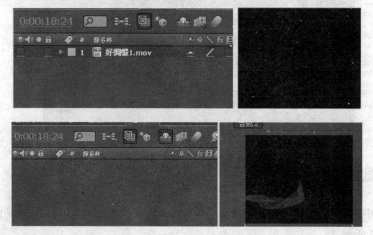

图 3.3.69　隐藏图层的对比效果

2. 卷展变化/连续光栅开关

此开关也可以理解为还原素材属性开关，单击按钮启用源素材属性，如图 3.3.70 和 3.3.71 所示。

图 3.3.70　启用源素材属性开关

图 3.3.71 关闭源素材属性开关

3. 画质设定

单击最高质量图标█，采用了反锯齿和子像素技术，画质最好；单击草图质量图标█，渲染速度快，如图 3.3.72 所示。

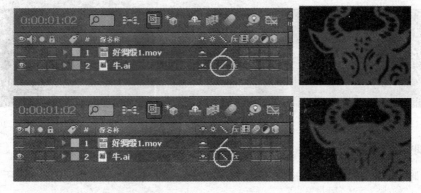

图 3.3.72 最高质量和草图质量效果对比

4. 特效启用开关

激活特效按钮█将启用对此图层添加的所有特效，如果关闭此按钮将会隐藏特效效果，如图 3.3.73 所示。

打开特效启用开关　　　　　　　　　　　　　　关闭特效启用开关

图 3.3.73 特效启用开关的打开\关闭效果对比

5. 帧融合开关

为动态素材添加帧融合，启用此功能将会在连续的帧画面之间添加过渡帧，使画面效果更柔和。

帧融合开关在前面素材的变速设置里已经做了很详细的介绍，在这里就不赘述了。

6. 运动模糊开关

单击运动模糊开关 ![icon]，可以利用运动模糊功能使运动效果更真实，如图 3.3.74 所示。它只对在 AE 里创建的运动效果才有效，至于素材本身是动态的画面则无效。

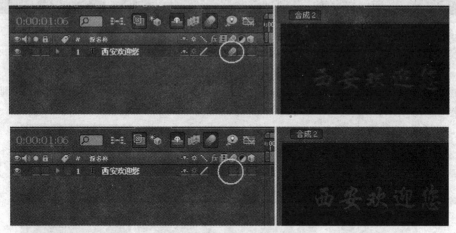

图 3.3.74　运动模糊效果对比

7. 调节层开关

激活调节层开关 ![icon] 可以将相应的图层制作成调节层，可一次性控制位于它下面的所有层。

8. 3D 图层开关

把图层转换成三维层，在进行 Z 轴操作时必须打开此开关，如图 3.3.75 所示。

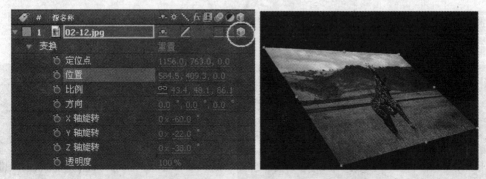

图 3.3.75　打开 3D 图层开关效果

3.4　课　堂　实　战

3.4.1　运动的汽车

结合本章所学的知识制作一段道路上运动的汽车动画，主要用到合成的创建、素材的导入以及添加到合成、素材的缩放和位移动画的设置等命令，最终效果如图 3.4.1 所示。

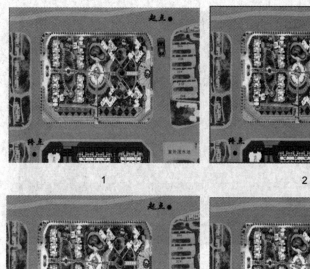

图 3.4.1 最终效果图

操作步骤

（1）单击菜单执行"图像合成"→"新建合成组"命令，在弹出的"图像合成设置"对话框里命名合成组名称为"运动的汽车"，详细设置参数如图 3.4.2 所示。

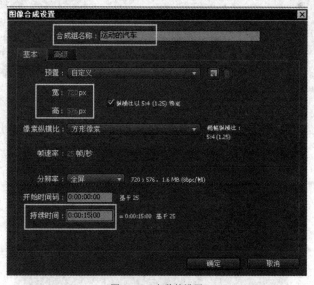

图 3.4.2 参数的设置

（2）在项目面板导入"城市平面图"和"红色汽车"素材，并将"城市平面图"素材添加到合成时间线，如图 3.4.3 所示。

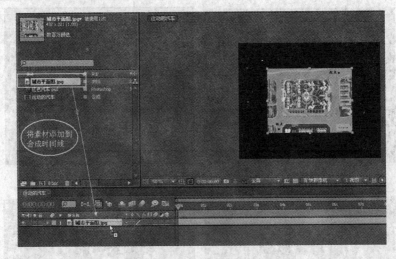

图 3.4.3　添加素材到合成时间线

（3）选择"城市平面图"素材，单击菜单执行"图层"→"变换"→"适配到合成"命令，或者按"Ctrl+Alt+F"组合键，如图 3.4.4 所示。

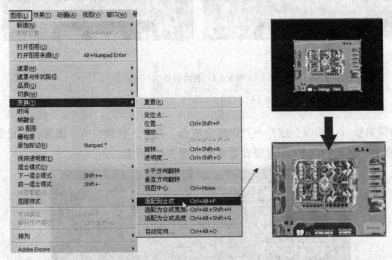

图 3.4.4　适配到合成

（4）将"红色汽车"素材添加到合成时间线，按 S 键设置调整素材的比例大小，如图 3.4.5 所示。

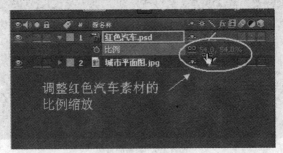

图 3.4.5　调整素材的比例大小

（5）按 Alt 键的同时按 P 键，调整"红色汽车"素材在图上的位置，如图 3.4.6 所示。

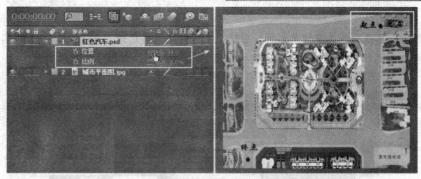

图 3.4.6　调整素材的位置

（6）单击位置前面的动画图标 记录动画关键帧，再将当前时间指示器移至 1 秒处，调整"红色汽车"在图上的位置，如图 3.4.7 所示。

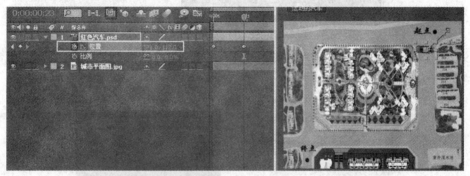

图 3.4.7　记录位移动画

（7）依次设置"红色汽车"的位置来记录汽车在图上的位移路径，如图 3.4.8 所示。

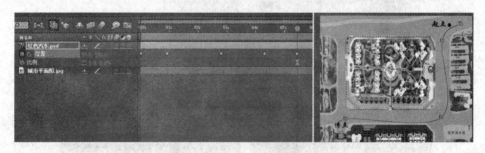

图 3.4.8　汽车的位移路径

（8）用鼠标单击动画关键帧的节点手柄，调整位移路径，如图 3.4.9 所示。

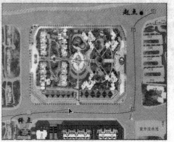

图 3.4.9　调整汽车位移路径前后的对比

提示：选择动画关键帧单击鼠标右键，在右键菜单里选择"关键帧插值"选项，在弹出的"关键帧插值"对话框里更改关键帧的"空间插值"为"曲线"，如图 3.4.10 所示。

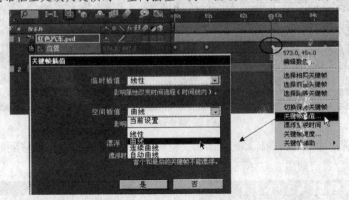

图 3.4.10　更改动画关键帧插值

（9）单击菜单执行"图层"→"变换"→"自动定向"命令，或者按"Ctrl+Alt+O"组合键让汽车沿着路径方向移动，如图 3.4.11 所示。

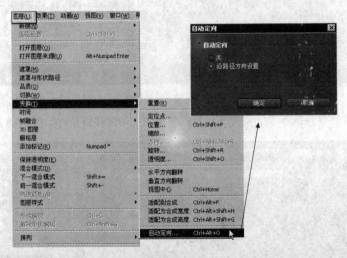

　　　　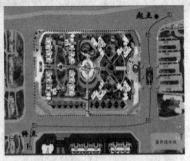

未自动定向以前　　　　　　　　自动定向以后

图 3.4.11　添加素材自动定向

（10）用鼠标拖动当前时间指示器查看整个动画效果，如图 3.4.12 所示。

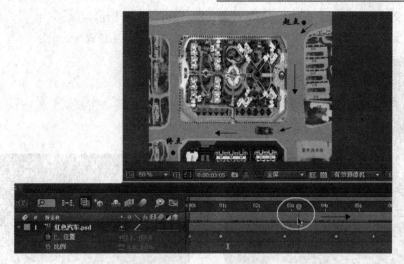

图 3.4.12 查看整个动画效果

3.4.2 火焰文字

本例主要利用前面所学的知识制作一个火焰文字效果，主要运用到本章所学的应用轨道蒙板、创建填充文字和描边文字、以及添加动态背景素材等命令。最终效果如图 3.4.13 所示。

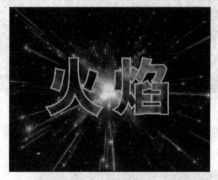

图 3.4.13 最终效果图

操作步骤

（1）单击菜单执行"图像合成"→"新建合成组"命令，创建"火焰文字"合成组，在工具面板中选择横排文字工具 T 在合成视图上单击并输入文字"火焰"，如图 3.4.14 所示。

（2）在文字面板中去掉文字的描边颜色，如图 3.4.15 所示。

图 3.4.14 输入文字

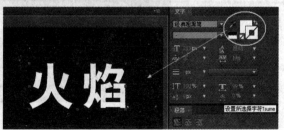

图 3.4.15 去掉文字的描边颜色

（3）在文字图层的下方添加"火焰"动画素材，如图3.4.16所示。

（4）将文字图层复制一层并重命名为"描边"文字，如图3.4.17所示。

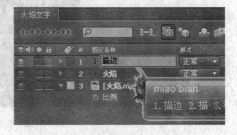

图3.4.16　添加火焰动画素材　　　　　　　　　　图3.4.17　重命名文字图层

（5）单独显示"描边"图层以后在文字面板去掉填充颜色，如图3.4.18所示。

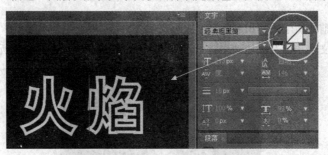

图3.4.18　去掉文字的填充颜色

（6）将"描边"图层放置到最底层，选择"火焰"图层在轨道蒙板里选择"亮度蒙板（火焰）"选项，如图3.4.19所示。

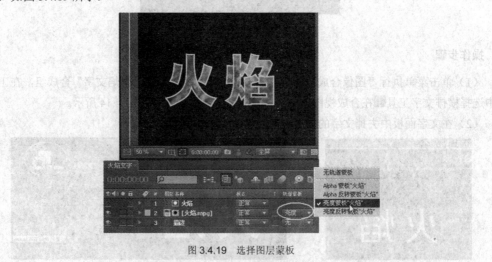

图3.4.19　选择图层蒙板

（7）导入"动态背景"素材添加到合成时间线，放置到最底层完成整个制作，如图3.4.20所示。

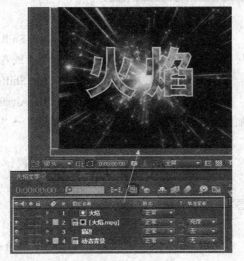

图 3.4.20 预览最终效果

本 章 小 结

　　本章系统地介绍了 After Effects CS4 的合成时间线，详细介绍了合成时间线的控制面板、图层区域、时间线区域、添加标记以及素材的各种编辑操作。通过对本章的学习，使读者能够完全了解合成时间线，并且熟练编辑素材，掌握图层的类型、图层模式、应用轨道蒙板和父子链接图层等内容。

操 作 练 习

一、填空题

　　1．控制面板区域主要是对合成时间线各图层之间进行＿＿＿＿、＿＿＿＿、＿＿＿＿和静音的控制。

　　2．合成时间线窗口包括三大部分，即＿＿＿＿、＿＿＿＿和＿＿＿＿。

　　3．图层的名称显示方式分为＿＿＿＿和＿＿＿＿两种。用鼠标在面板处的源名称处＿＿＿＿可以相互切换。

　　4．选择素材按 I 键，当前时间指示器会自动跳转到素材的＿＿＿＿位置；按 O 键，当前时间指示器会自动跳转到素材的＿＿＿＿位置。

　　5．用鼠标单击选择起始素材层，再按＿＿＿＿键单击结束素材层，可以选择两个素材间的全部素材。

二、选择题

　　1．在项目面板单击选择要导入的素材，按（　　）键也可以将素材导入合成时间线。

　　（A）Ctrl+R　　　　　　　　　　　　（B）Ctrl+K

　　（C）Ctrl+/　　　　　　　　　　　　（D）Q

　　2．选择图层单击菜单执行"图层"→"切换"→"锁定"命令，或者按（　　）键同样也可以锁定选定图层。

(A) Ctrl+L (B) Shift

(C) Alt (D) Ctrl+ Shift

3．单击菜单执行"图层"→"时间"→"时间反向层"命令，或者按（　）键可以倒放素材。

(A) Ctrl+R (B) Ctrl+ Shift+R

(C) Shift+R (D) Ctrl+Alt+R

4．将"车"的素材添加到合成时间线，单击菜单执行"图层"→"时间" →"启用时间重置"命令，或者按（　）键。

(A) Alt+T (B) Alt+H

(C) Ctrl+Alt+T (D) Ctrl +T

5．单击菜单执行"图层"→"预合成"命令，或者按（　）键。

(A) C (B) Ctrl +C

(C) Shift+C (D) Ctrl+Shift+C

三、简答题

1．简述图层都有哪些类型。

2．图层的变换属性都包括哪些？

3．简述如何使用图层轨道蒙板。

4．简述合成时间线标尺放大、缩小的方式。

四、上机操作题

1．反复练习素材的选择、移动、复制和时间变速等操作。

2．练习时间线轨道蒙板的应用。

3．熟练操作课堂作业"运动的汽车"和"火焰文字"两个实例。

第4章 MASK 遮罩和图形的绘制

MASK 遮罩在 After Effects 软件中起着非常重要的作用，主要应用在众多的影视广告作品当中。因此，只有不断反复地操作才能真正领悟出 MASK 遮罩的强大功能，制作出精美的视频作品。本章主要介绍 MASK 遮罩的应用、图形的绘制以及修饰的方法和技巧。

知识要点

- ◉ MASK 遮罩的介绍
- ◉ 编辑 MASK 遮罩
- ◉ 形状图形的创建
- ◉ 使用画笔工具
- ◉ 使用图章工具和橡皮擦工具

4.1 MASK 遮罩的介绍

MASK 遮罩是图像中由用户选定的一个特定的区域，当创建 MASK 遮罩以后，遮罩选框以内的图像得以显示，遮罩选框以外的图像会被遮罩所裁切，如图 4.1.1 所示。

图 4.1.1 创建 MASK 遮罩效果对比

4.1.1 创建遮罩

MASK 遮罩工具组包括矩形遮罩工具、圆角矩形工具、椭圆形遮罩工具、多边形工具和星形工具等，如图 4.1.2 所示。

图 4.1.2 遮罩工具组

MASK 遮罩的绘制方式有以下几种，具体操作步骤如下：

（1）选择要绘制遮罩的图层，然后在工具面板选择矩形遮罩工具 在合成视图上单击鼠标左键拖拽，即可绘制出一个矩形遮罩，如图 4.1.3 所示。

（2）选择图层单击菜单执行"图层"→"遮罩"→"新建遮罩"命令，或者按"Ctrl+Shift+N"组合键新建遮罩，如图 4.1.4 所示。

图 4.1.3　利用矩形遮罩工具绘制遮罩　　　　图 4.1.4　新建遮罩菜单

（3）选择图层以后，在工具面板双击矩形遮罩工具 可以新建一个矩形遮罩，如图 4.1.5 所示。

图 4.1.5　双击矩形遮罩工具创建遮罩

提示：选择矩形遮罩工具 绘制遮罩时，在合成视图上直接单击拖拽绘制长方形遮罩，按 Shift 键的同时单击拖拽可以绘制正方形遮罩，如图 4.1.6 所示。

绘制长方形遮罩　　　　　　　　　　绘制正方形遮罩

图 4.1.6　绘制矩形遮罩

圆角矩形工具、椭圆形遮罩工具、多边形工具和星形工具创建 MASK 遮罩的方法和矩形工具的完全相同，在这里就不一一阐述了。

除了上面介绍的五种遮罩工具以外，利用钢笔工具也可以绘制出不规则形状的 MASK 遮罩，包括直线、曲线以及闭合遮罩等，如图 4.1.7 所示。

用鼠标在工具面板单击钢笔工具，弹出钢笔工具组，包括钢笔工具、顶点添加工具、顶点清除工具和顶点转换工具，如图 4.1.8 所示。

图 4.1.7 利用钢笔工具绘制遮罩

图 4.1.8 钢笔工具组

利用钢笔工具绘制 MASK 遮罩的具体操作方法如下：

（1）选择图层单击工具面板的钢笔工具，在合成图像上单击绘制直线点，单击拖拽绘制曲线点，如图 4.1.9 所示。

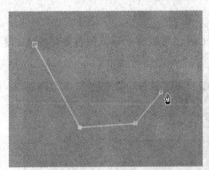

单击鼠标绘制直线点

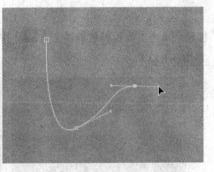

单击并拖拽绘制曲线点

图 4.1.9 钢笔工具绘制直线点和曲线点

（2）选择顶点添加工具在遮罩上单击添加顶点，如图 4.1.10 所示。

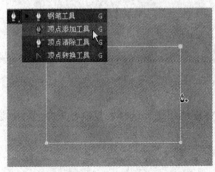

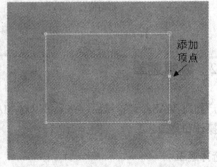

添加顶点

图 4.1.10 添加顶点

（3）选择顶点清除工具在顶点上单击可以清除顶点，如图 4.1.11 所示。

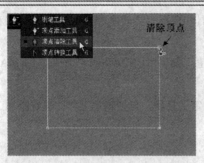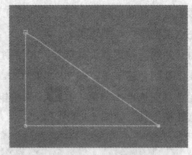

图 4.1.11　清除顶点

（4）选择顶点转换工具 在顶点上单击可以转换顶点的类型，如图 4.1.12 所示。

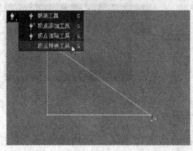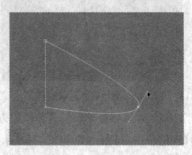

图 4.1.12　转换顶点的类型

提示：单击工具面板的钢笔工具 ，按 Ctrl 键可以移动顶点的位置，按 Alt 键可以转换顶点的类型，如图 4.1.13 所示。

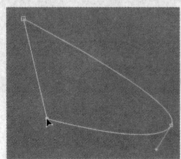

移动顶点　　　　　　　　　　　　转换顶点

图 4.1.13　移动和转换顶点

4.1.2　编辑遮罩

在用户创建 MASK 遮罩以后，完全可以对 MASK 遮罩进行选择、复制、重命名、删除和设定模式等编辑操作和修改。

1．选择遮罩

要选择当前图层中的遮罩，在图层属性栏单击"遮罩 1"的名称即可选择遮罩，在图层属性栏空白处单击取消遮罩选择，如图 4.1.14 所示。

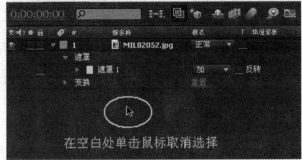

图 4.1.14　选择遮罩及取消遮罩

注意：在合成视窗工具栏单击显示遮罩开关 可以显示和隐藏遮罩边框，如图 4.1.15 所示。

 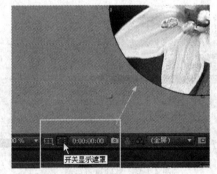

图 4.1.15　显示和隐藏遮罩边框

在图层合成图像中用鼠标单击遮罩上的顶点可以选择顶点，在合成图像上单击鼠标左键框选顶点可以选择多个顶点，如图 4.1.16 所示。

图 4.1.16　选择遮罩顶点

提示：用鼠标框选遮罩顶点时，实心点的顶点为选择状态，空心点的顶点为未选择状态，如图 4.1.17 所示。

图 4.1.17　选择遮罩顶点的状态

2. 删除遮罩

选择图层中要清除的遮罩，单击菜单执行"图层"→"遮罩"→"移除遮罩"命令可以删除遮罩，如图 4.1.18 所示。或者在图层面板属性栏选择遮罩名称按 Del 键，同样也可以删除遮罩，如图 4.1.19 所示。

图 4.1.18　移除遮罩菜单

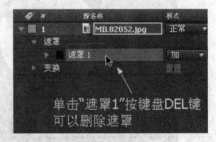

图 4.1.19　删除遮罩

3. 遮罩的重命名

在图层面板属性栏选择"遮罩 1"单击鼠标右键，在弹出的列表中选择"重命名"选项，可以对遮罩进行重新命名，如图 4.1.20 所示。

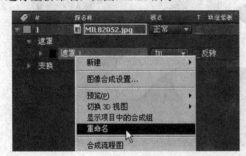

图 4.1.20　重命名遮罩（一）

提示：也可以在图层面板属性栏选择"遮罩 1"，按 Enter 键，同样可以重新命名遮罩的名称。用鼠标单击遮罩色块图标■，在弹出的"遮罩颜色"面板里可以设置遮罩边框的颜色，如图 4.1.21 所示。

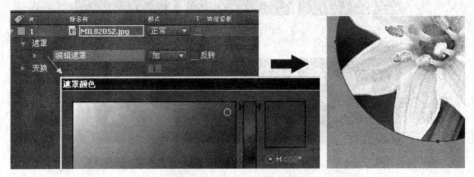

图 4.1.21　重命名遮罩（二）

4．复制遮罩

在图层面板属性栏选择遮罩名称，单击菜单执行"编辑"→"复制"命令，或者按"Ctrl+D"组合键即可复制遮罩，如图 4.1.22 所示。

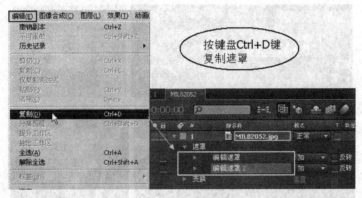

图 4.1.22　复制遮罩

5．遮罩的模式设置

在图层上绘制一个矩形遮罩和圆形遮罩，在圆形遮罩模式栏单击下拉图标■，在下拉列表里选择"加"选项，如图 4.1.23 所示。

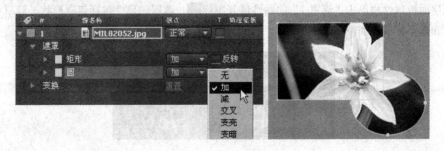

图 4.1.23　设置遮罩的模式

遮罩的模式分为加、减、交叉、变亮、变暗和差值等六种，如图 4.1.24 所示。

加　　　　　　减　　　　　　交叉

变亮　　　　　　变暗　　　　　　差值

图 4.1.24　遮罩的六种模式效果对比

提示：在模式面板勾选"反转"选项，或者按"Ctrl+Shift+I"组合键可以将当前选择的遮罩反转，如图 4.1.25 所示。

图 4.1.25　反转遮罩效果对比

4.1.3　遮罩的属性

在图层面板属性栏单击"遮罩 1"的属性展开图标，遮罩的属性包括遮罩形状、遮罩羽化、遮罩透明度和遮罩扩展，如图 4.1.26 所示。

图 4.1.26　反转遮罩效果

1. 遮罩形状

单击"遮罩形状"的"形状"文字即可弹出"遮罩形状"对话框，如图 4.1.27 所示。

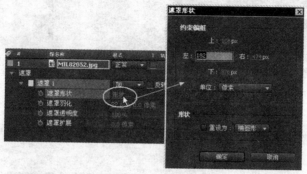

图 4.1.27　"遮罩形状"对话框

在"遮罩形状"对话框的"约束编组"栏里可以设置遮罩的大小约束范围数值，在"形状"栏里可以重设遮罩的形状，如图 4.1.28 所示。

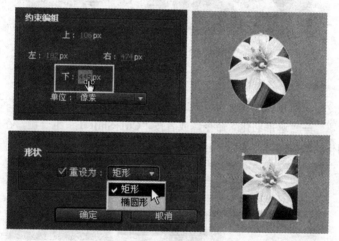

图 4.1.28　设置遮罩的形状

在遮罩边框双击鼠标左键，在遮罩框上自动形成遮罩控制框，利用鼠标调整控制框可以自由编辑遮罩的缩放、旋转和遮罩范围大小的设置，如图 4.1.29 所示。确定设置编辑以后按 Enter 键或者双击鼠标，即可确认编辑设置自动取消控制框。

缩放遮罩　　　　　旋转遮罩　　　　　遮罩大小

图 4.1.29　调整遮罩

提示： 利用鼠标在遮罩顶点上单击移动可以改变遮罩的形状，按 "Ctrl+Alt" 组合键可以转换遮罩顶点的类型，按 Alt 键单击鼠标左键移动可以移动整个遮罩，如图 4.1.30 所示。

移动遮罩顶点　　　　　　　转换顶点类型　　　　　　移动整个遮罩

图 4.1.30　编辑遮罩的顶点及移动遮罩框

注意：在不改变遮罩位置的情况下，利用定位点工具 可以平移遮罩框内的图像，如图 4.1.31 所示。

图 4.1.31　设置遮罩的形状

2. 遮罩羽化

将遮罩羽化命令用于遮罩边缘，使其产生更柔和的模糊虚化效果。选择"遮罩"图层单击菜单执行"图层"→"遮罩"→"遮罩羽化"命令，或者按"Ctrl+Shift+F"组合键，在弹出的"遮罩羽化"对话框里输入所羽化的数值即可，如图 4.1.32 所示。

图 4.1.32　设置遮罩羽化

提示：在图层属性面板的"遮罩羽化"选项中设置羽化的数值，同样可以设置遮罩羽化，如图 4.1.33 所示。

图 4.1.33　设置遮罩羽化的效果对比

3．遮罩透明度

选择"遮罩"图层单击菜单执行"图层"→"遮罩"→"遮罩透明度"命令，或者在图层属性面板的"遮罩透明度"选项中设置遮罩的透明度数值，可以设置遮罩的透明度，如图 4.1.34 所示。

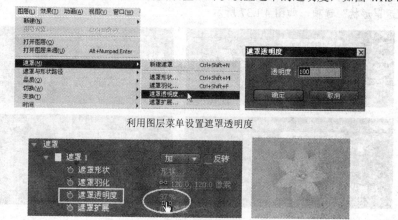

利用图层菜单设置遮罩透明度

在图层属性面板设置遮罩透明度

图 4.1.34　设置遮罩的透明度

4．遮罩扩展

使用遮罩扩展命令可以在原遮罩的基础上延伸或者扩展图像。在图层属性面板的"遮罩扩展"选项中通过设置遮罩的扩展数值，可以改变遮罩框内图像的扩展，如图 4.1.35 所示。

图 4.1.35　设置遮罩的扩展

提示：选择图层按 M 键，可以快速调出遮罩的"形状"选项；按 F 键，可以快速调出遮罩的"羽化"选项；连续按两次 T 键，可以快速调出遮罩的"透明度"选项，如图 4.1.36 所示。

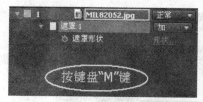

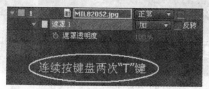

图 4.1.36　设置遮罩的快速方式

注意：按住 Shift 键可以加选或者减选其他遮罩属性选项，例如：按住 Shift 键的同时再按 F 键，在保留"遮罩形状"选项的同时再次调出"遮罩羽化"选项；按住 Shift 键的同时再次按 M 键，即可取消"遮罩形状"选项，如图 4.1.37 所示。

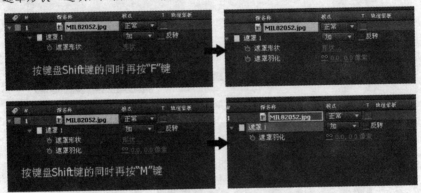

图 4.1.37　遮罩属性选项的加、减选择

4.2　图形的绘制

在 After Effects CS4 软件中，形状工具是一种特殊的绘制工具，使用形状工具不但可以绘制图像的遮罩，还能绘制简单的几何图形，并且能够对绘制的图形进行编辑操作等。

4.2.1　形状图形的创建

单击工具栏中形状工具组，选择多边形工具 在合成视窗上单击绘制多边形，或者单击工具栏中的钢笔工具 ，在合成视窗上单击绘制自定义图形，如图 4.2.1 所示。

绘制多边形　　　　　　　　　　　　　　绘制自定义图形

图 4.2.1　创建形状图形

注意：选择多边形工具 在图层上绘制为图像遮罩，不选择任何图层在合成视窗上绘制为多边形，并在合成时间线上自动创建"形状图层"，如图 4.2.2 所示。

（a）选择固态层绘制图像遮罩

图 4.2.2　创建图像遮罩和多边形

（b）创建多边形

续图 4.2.2　创建图像遮罩和多边形

提示： 单击工具栏中的钢笔工具，在合成视窗配合 Shift 键可以绘制水平或者垂直的直线；按 Ctrl 键可以移动顶点的位置和调整顶点控制手柄来改变图形的形状，如图 4.2.3 所示。

利用钢笔工具绘制直线　　　　　　　　　　调整图形的形状

图 4.2.3　绘制直线和调整图形的形状

4.2.2　形状图形的编辑

形状图形是由几何的点、线、面构成的矢量图形，图形的形状完全由点的位置及曲率方向决定，颜色由填充色与描边色所决定，改变点的位置或填充色即改变图形。编辑形状图形实质上是编辑形状图形的路径、边、填充和图形变换等。

编辑形状图形的具体操作方法如下：

（1）单击工具栏中的形状工具组，选择多边形工具在合成视窗上单击绘制多边形，如图 4.2.4 所示。

图 4.2.4　绘制多边形

（2）在合成时间线上自动创建"形状图层"，在形状图层上单击展开图标，单击"目录"→"多边形路径 1"→"类型"选项，更改形状类型为"星形"，如图 4.2.5 所示。

图 4.2.5　更改多边形为星形

（3）在"多边形路径 1"里设置图形的定点数、内半径和内侧圆整参数，如图 4.2.6 所示。

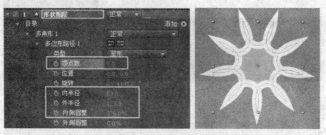

图 4.2.6　设置图形的路径参数

（4）在"边 1"选项里单击"颜色"色块，在弹出的"颜色"面板里设置描边颜色，如图 4.2.7 所示。

图 4.2.7　设置图形的描边颜色

（5）在"边 1"选项里单击拖拽设置图形的描边宽度，如图 4.2.8 所示。

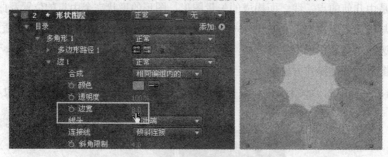

图 4.2.8　设置图形的描边宽度

（6）在"填充 1"选项里单击"颜色"色块，在弹出的"颜色"面板里设置图形的填充颜色，如图 4.2.9 所示。

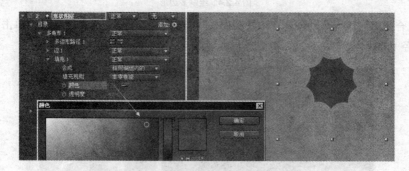

图 4.2.9　设置图形的填充颜色

（7）单击"变换：多角形 1"选项，设置图形的位置、缩放比例、倾斜轴和旋转等参数，如图 4.2.10 所示。

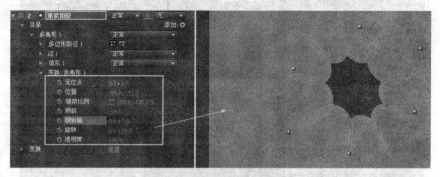

图 4.2.10　设置图形的变换参数

（8）单击工具栏"填充"文字，在弹出的"填充选项"选项卡中单击选择"径向放射"填充的类型，如图 4.2.11 所示。

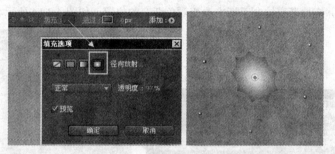

图 4.2.11　设置图形的填充类型

提示：图形的填充类型分为无填充色、固态色、线性渐变和径向放射 4 种，按住 Alt 键的同时在工具栏填充色块上单击鼠标左键，可以转换图形的填充类型，如图 4.2.12 所示。

按住 Alt 键在工具栏填充色块上单击

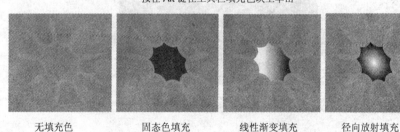

无填充色　　　　固态色填充　　　　线性渐变填充　　　　径向放射填充

图 4.2.12　设置图形的填充类型的快捷方式

（9）单击工具栏"填充"色块，在弹出的"渐变编辑"面板里设置渐变的颜色，如图 4.2.13 所示。

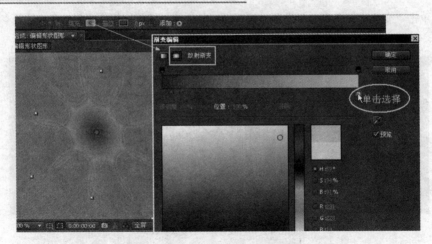

图 4.2.13　设置图形填充的渐变颜色

（10）在"渐变编辑"面板上用鼠标单击移动颜色滑块可以改变颜色渐变的位置，还可以用鼠标在合成视窗上单击并拖拽渐变控制手柄来改变颜色渐变的位置，如图 4.2.14 所示。

图 4.2.14　设置渐变填充的颜色渐变位置

（11）在工具栏设置图形的描边宽度数值，如图 4.2.15 所示。

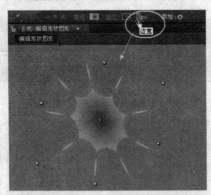

图 4.2.15　在工具栏设置图形的描边宽度

注意：在形状图层上单击展开图标▼，单击"边 1"→"线头"选项，在下拉列表中根据用户的需要选择线头的显示方式。线头的显示方式分为对接端、圆头和突出端三种，如图 4.2.16 所示；在"连接线"的下拉列表中选择连接线的显示方式，如图 4.2.17 所示。

"线头"的下拉列表   对接端显示

圆头显示   突出端显示

图 4.2.16 图形描边的线头显示方式

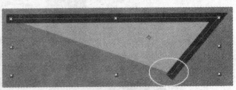

"连接线"的下拉列表   倾斜连接

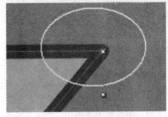

圆角连接   斜角连接

图 4.2.17 图形描边的连接线显示方式

4.2.3 绘画和修饰工具的使用

在 After Effects CS4 中处理视频的时候，经常需要在图像上绘制一些绘画元素或者对图像进行一些适当的编辑和修饰等操作，以达到画面最完美的效果。

1．画笔工具

画笔工具是软件中最基本的绘图工具，根据用户需要可以绘制出柔和的色彩线条。软件中自带了各种画笔笔尖样式，也可以对这些画笔进行设置和修改。

画笔工具的使用方法具体操作步骤如下：

（1）导入"天空"素材并添加到合成时间线，在"天空"图层上双击鼠标左键进入编辑模式，如图 4.2.18 所示。

After Effects CS4 影视后期制作实用教程

图 4.2.18　进入编辑模式

（2）在工具栏单击画笔工具 ，然后单击执行"窗口"→"画笔"命令，或者按"Ctrl+9"组合键打开"画笔"设置面板，如图 4.2.19 所示。

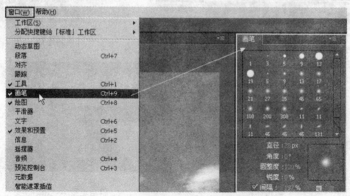

图 4.2.19　打开画笔设置面板

（3）在"画笔"设置面板单击选择一种画笔笔尖形状，并设置画笔笔尖直径的数值，可以在预览窗口查看画笔的笔尖大小，如图 4.2.20 所示。

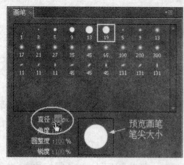

图 4.2.20　打开画笔设置面板

（4）在图层属性面板单击"绘制"的展开图标 ，在"描边选项"里设置画笔描边的"开始"

和"起始"动画，移动当前时间线指示器预览描边动画，如图 4.2.21 所示。

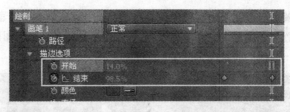

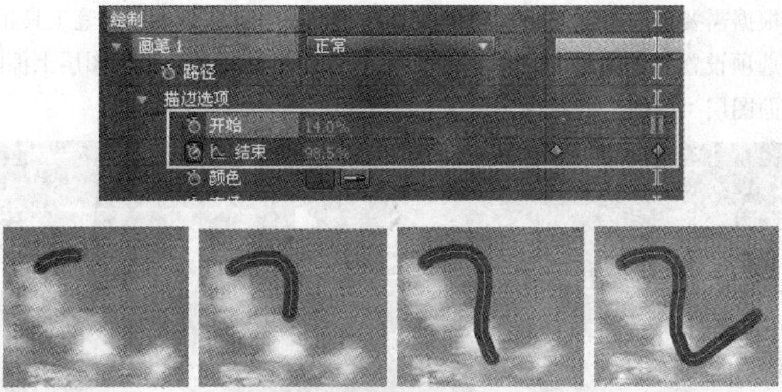

图 4.2.21　设置画笔的描边动画

（5）在"描边选项"里设置画笔的"颜色"和"间隔"数值，如图 4.2.22 所示。

图 4.2.22　设置画笔的"颜色"和"间隔"

提示：在"描边选项"里根据用户需要可以设置画笔的"直径""硬度""圆度"和"角度"，如图 4.2.23 所示。

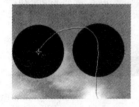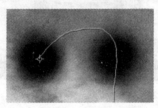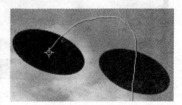

设置的直径　　　　　　　设置画笔的硬度　　　　　设置画笔的圆度和角度

图 4.2.23　设置画笔的其他描边选项

注意：在使用画笔工具绘制以前，切记在"绘图"设置面板里设置画笔的"长度"，如图 4.2.24 所示。

图 4.2.24　设置画笔的长度

2. 橡皮擦工具

橡皮擦工具根据需要可以擦除图层的图像和填充色，使用方法基本和画笔工具相同。将"绘图"面板的"移除"选项设置为"图层来源和填充"，用橡皮擦工具在"天空"图层上擦除，擦除以后的地方可以透出下面图层"草地"的图像，如图 4.2.25 所示。

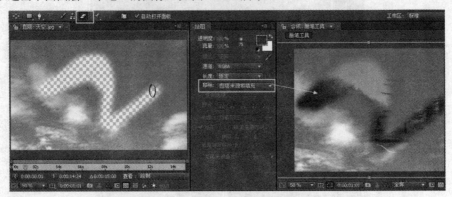

图 4.2.25　移除类型为"图层来源和填充"选项

将"绘图"面板的"移除"选项设置为"仅填充"，用橡皮擦工具可以将刚才已经擦除的图像恢复回来，如图 4.2.26 所示。

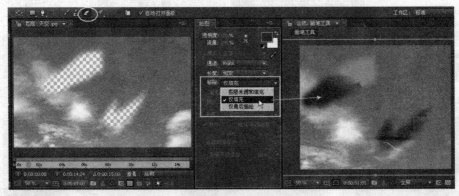

图 4.2.26　移除类型为"仅填充"选项

提示：将"绘图"面板的"移除"选项设置为"仅填充"，橡皮擦工具还可以再擦除画笔工具绘制的线条，如图 4.2.27 所示。

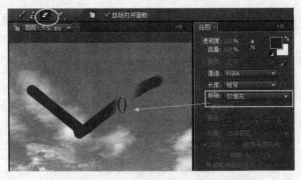

图 4.2.27　橡皮擦工具擦除画笔绘制的线条

3. 图章工具

图章工具可以将图像中的某一区域复制到同一图像或者其他图像中。图章工具的使用方法和 Photoshop 软件中的仿图章工具相类似，具体操作步骤如下：

（1）导入"长颈鹿"和"草地"素材并添加到合成时间线，双击素材进入编辑模式。

（2）单击工具栏中的图章工具 ![章]，在"画笔"设置面板设置图章工具的直径大小，将鼠标移至"长颈鹿"图像中需要复制的区域，按住 Alt 键在图像中采样，如图 4.2.28 所示。

图 4.2.28　设置图章工具的笔尖大小、在图像中采样

（3）松开 Alt 键以后，在图像中需要复制的区域按住鼠标左键来回拖动，即可将刚才采样的图像区域复制到新的位置，如图 4.2.29 所示。

图 4.2.29　使用图章工具复制图像

注意： 当选择实用图章工具 ![章]按住 Alt 键取样时，在图像上会出现一个十字线标记，表示当前画面为采样源图像部分。

（4）在合成视窗选择"草地"图像，在图像中需要复制的区域按住鼠标左键来回拖动，还可以将刚才在"长颈鹿"图像中采样的图像区域复制到"草地"图像中，如图 4.2.30 所示。

提示： 选择橡皮擦工具 ![擦]，将"绘图"面板中的"移除"选项设置为"仅填充"，可以擦除新复制的图像区域，如图 4.2.31 所示。

图 4.2.30　将源图像复制到"草地"图像中

图 4.2.31　橡皮擦工具擦除新复制的图像区域

4.3　课　堂　实　战

4.3.1　走势图的制作

本例利用前面所学的图形绘制等知识制作"我市历年房价走势图"效果，主要运用到本章学习的图形的绘制、MASK 遮罩的运用和"描边""网格"命令的使用以及调整动态背景等技巧。最终效果如图 4.3.1 所示。

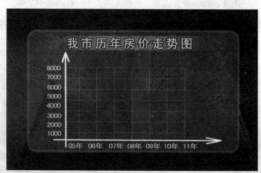

图 4.3.1　最终效果图

操作步骤

（1）首先制作背景图像，单击菜单执行"图像合成"→"新建合成组"命令，创建"背景"合成组并导入"城市"素材，如图 4.3.2 所示。

图 4.3.2　导入"城市"素材

（2）按"Ctrl+Y"组合键创建固态层，在"固态层设置"面板里设置固态层的颜色为 R29、G48、B193，如图 4.3.3 所示。

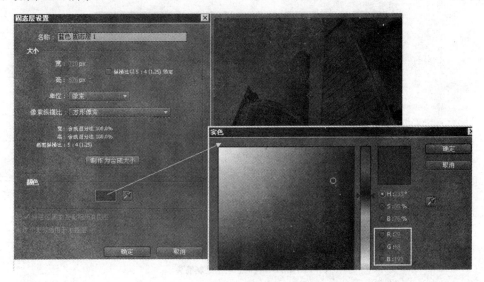

图 4.3.3　设置固态层

（3）再次创建"深蓝色"固态层并在中间位置绘制矩形遮罩，"反转"矩形遮罩以后设置"遮罩羽化"数值，如图 4.3.4 所示。

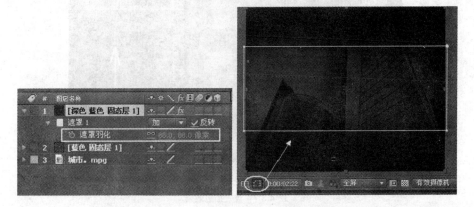

图 4.3.4　设置"深蓝色"固态层的遮罩羽化

（4）按"Ctrl+N"组合键创建"比例图"合成组，并且设置合成组的宽为 900 像素，高为 576 像素，如图 4.3.5 所示。

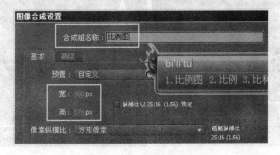

图 4.3.5　创建"比例图"合成组

（5）在"比例图"合成组里创建固态层，配合视图参考线利用钢笔工具 绘制"箭头"，如图4.3.6所示。

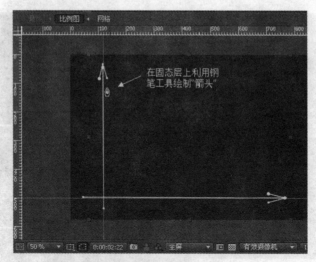

图 4.3.6　在固态层上绘制箭头

（6）选择固态层单击菜单"效果"→"生成"→"描边"添加特效，在"绘制风格"的下拉列表里选择"在透明通道上"选项，并设置描边的"颜色"和"画笔大小"等，如图4.3.7所示。

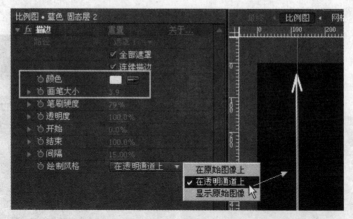

图 4.3.7　设置描边效果

（7）在绘制的"箭头"处输入文字，选择文字按"Ctrl+D"组合键，然后将文字复制后修改文字内容，并配合键盘"←""→""↑"和"↓"方向键适当调整文字的位置，如图4.3.8所示。

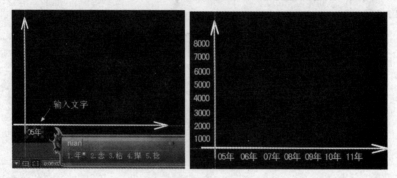

图 4.3.8　输入文字

（8）创建"网格"固态层以后，单击菜单"效果"→"生成"→"网格"添加特效，设置网格特效的"边角""边缘"和"透明度"数值，如图 4.3.9 所示。

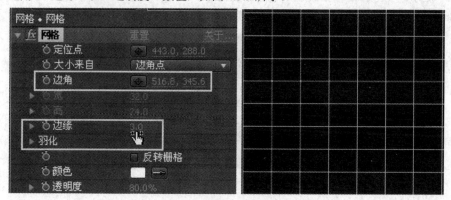

图 4.3.9　设置"网格"参数

（9）选择"网格"图层单击菜单执行"图层"→"预合成"命令，或者按"Ctrl+Shift+C"组合键，在弹出的"预合成"对话框里选择"移动全部属性到新建合成中"选项，如图 4.3.10 所示。

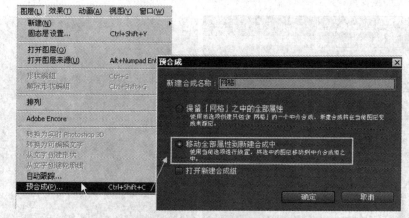

图 4.3.10　设置"网格"预合成选项

（10）在工具栏单击矩形遮罩工具，在"网格"合成上将多余的网格裁掉，如图 4.3.11 所示。

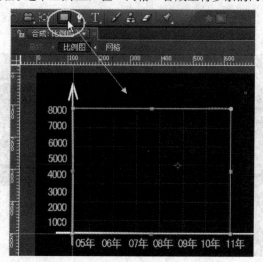

图 4.3.11　利用矩形遮罩将多余的网格裁掉

提示：要想在网格上绘制矩形遮罩将网格多余部分裁剪掉，必须先将网格合成，再按"Ctrl+Shift+C"组合键"预合成"以后才能裁剪，如图 4.3.12 所示。

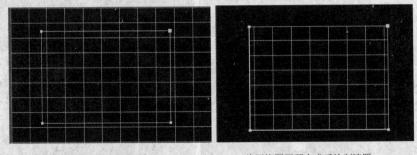

在网格图层上绘制遮罩　　　　　　　　　将网格图层预合成后绘制遮罩

图 4.3.12　在"网格"上绘制遮罩效果对比

（11）创建"最终"合成组，将"背景"合成组添加到"最终"合成时间线，利用圆角矩形工具绘制一个圆角矩形，如图 4.3.13 所示。

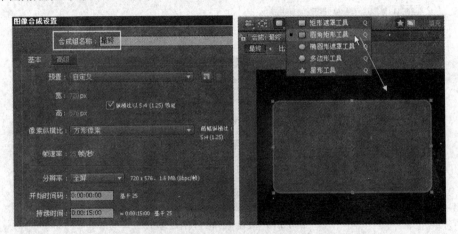

图 4.3.13　新建最终合成组、绘制圆角矩形

（12）在工具栏单击"填充"文字，在弹出的"填充"选项卡里设置填充类型和透明度，如图 4.3.14 所示。

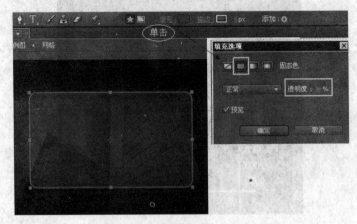

图 4.3.14　设置圆角矩形的填充选项

（13）在圆角矩形内输入文字"我市历年房价走势图"，如图 4.3.15 所示。

图 4.3.15　输入文字

（14）在文字下面新建"白色固态层"并设置和文字高度相等，如图 4.3.16 所示。

图 4.3.16　设置白色固态层的比例大小

（15）在工具栏单击矩形遮罩工具█在"白色固态层"上绘制矩形遮罩，并设置遮罩水平方向的"羽化"和"透明度"数值，如图 4.3.17 所示。

图 4.3.17　设置遮罩的羽化和透明度

（16）在项目面板中将"比例图"合成组添加到"最终"合成里，适当调整其位置和大小，如图 4.3.18 所示。

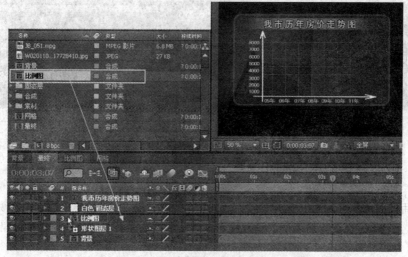

图 4.3.18　添加"比例图"合成组

（17）在"网格"合成组里新建固态层，利用钢笔工具绘制"走势箭头"路径并添加"描边"特效，设置"描边"的"颜色"和"画笔"大小，如图 4.3.19 所示。

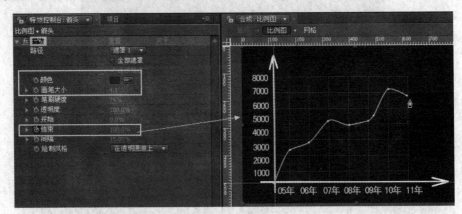

图 4.3.19　绘制并设置走势箭头

（18）为了让走势箭头很形象地运动起来，然后设置描边效果的"结束"动画，最终效果如图 4.3.20 所示。

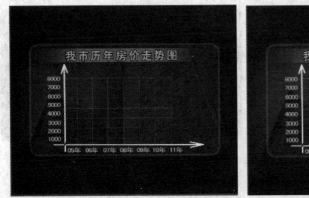
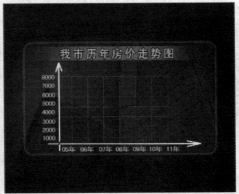

图 4.3.20　最终效果预览

4.3.2　企业宣传广告的制作

本例利用前面所学的 MASK 遮罩的绘制等知识来制作一段"企业宣传电视广告"效果，主要运用图形的绘制、MASK 遮罩和图层的预合成命令以及调整动态背景等技巧，最终效果如图 4.3.21 所示。

1

2

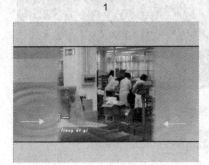

3

4

图 4.3.21 最终效果图

操作步骤

（1）单击菜单执行"图像合成"→"新建合成组"命令，在弹出的"图像合成设置"面板里设置合成组的名称、持续时间等数值，在预置里选择"PAL D1/DV"选项，如图 4.3.22 所示。

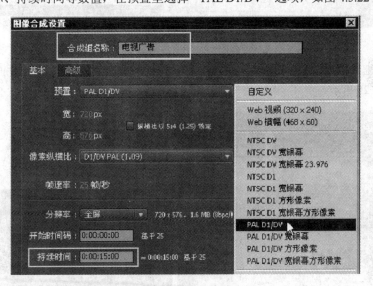

图 4.3.22 新建合成组

（2）按"Ctrl+Y"组合键创建固态层，在"固态层设置"面板里设置名称为"遮幅"，固态层的颜色在"实色"面板里设置为 R206、G210、B214，如图 4.3.23 所示。

（3）按"Ctrl+R"组合键显示标尺，在标尺刻度处单击鼠标左键拖拽出参考线。单击执行菜单"视图"→"锁定参考线"命令锁定参考线，如图 4.3.24 所示。

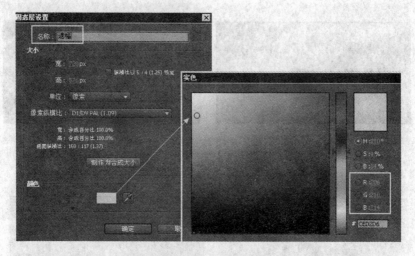

图 4.3.23　创建固态层

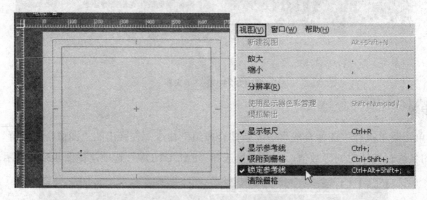

图 4.3.24　显示标尺及锁定参考线

（4）单击工具栏矩形遮罩工具，在"遮幅"图层上绘制矩形遮罩，在图层属性面板勾选"反转"选项，如图 4.3.25 所示。

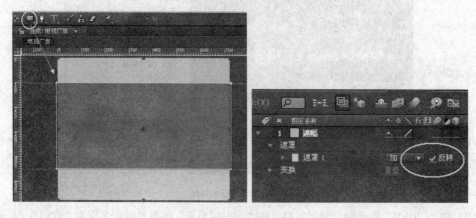

图 4.3.25　绘制矩形遮罩

（5）单击菜单执行"效果"→"生成"→"描边"命令，在"特效控制台"面板里设置描边的颜色、画笔大小和透明度等参数，如图 4.3.26 所示。

图 4.3.26　添加、设置描边特效

（6）在"遮幅"图层下面创建"背景"固态层，给背景固态层添加"渐变"特效，渐变的设置参数如图 4.3.27 所示。

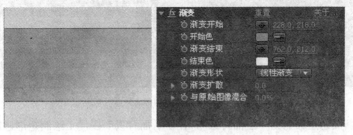

图 4.3.27　在遮幅图层下方创建渐变背景

（7）导入"涟漪"素材添加到合成中，并设置素材的入点位置，如图 4.3.28 所示。

图 4.3.28　设置素材的入点位置

（8）利用椭圆遮罩工具 ◯ 在"涟漪"素材上将画面的多余部分裁剪，并设置遮罩的羽化，如图 4.3.29 所示。

（9）选择"涟漪"素材，在图层面板选择 "叠加"模式，将图层的透明度设置在 30%左右，如图 4.3.30 所示。

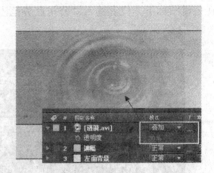

图 4.3.29　将画面多余的部分裁剪并羽化　　图 4.3.30　将素材和背景图层叠加并调整透明度

（10）选择"涟漪"素材，在图层面板单击 3D 图层开关 ◉，设置图层的比例大小、X 轴向旋转数值，并在合成视图上调整素材在画面上的位置，如图 4.3.31 所示。

图 4.3.31 打开图层 3D 开关、设置素材的比例和旋转

（11）选择"涟漪"放在"遮幅"图层下面并复制，将两段素材首尾相接，并在两段素材相接部分设置透明度动画效果，如图 4.3.32 所示。

图 4.3.32 设置两段素材相接部分透明度动画

（12）创建新固态层命名为"右面背景"，在"右面背景"图层上绘制矩形遮罩将画面多余的部分裁剪掉，添加"渐变"特效并设置为深蓝色到浅蓝色的线性渐变，如图 4.3.33 所示。

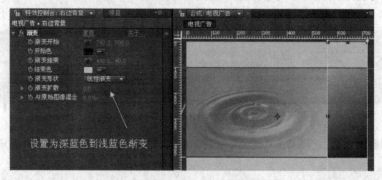

图 4.3.33 设置右面背景渐变效果

（13）添加"公司图标"素材到合成并调整在画面的适当位置，在图层模式面板选择"正片叠底"模式。在公司图标下方位置输入"公司业务范围"等文字，将文字的透明度设置为 70%，如图 4.3.34 所示。

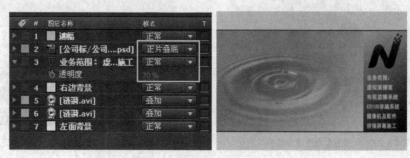

图 4.3.34 添加公司图标和输入文字

（14）创建白色固态层命名为"文字衬底"，利用新建的白色固态层制作一个"文字衬底"效果，文字衬底的制作方法在前面的练习中已经做了详细的介绍，在这里不再赘述，效果如图 4.3.35 所示。

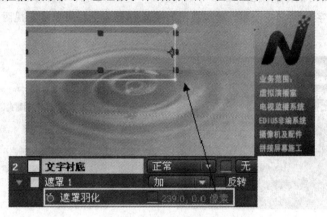

图 4.3.35　制作文字衬底效果

（15）输入"西安诺创电子科技有限公司""地址"和"电话"文字，在文字设置面板设置字体、大小和字体颜色等文字属性，如图 4.3.36 所示。

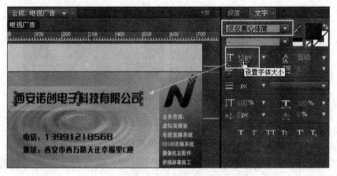

图 4.3.36　设置文字的属性

（16）在合成时间线选择素材按"Ctrl+Shift+C"组合键，在弹出的"预合成"对话框中选择"移动全部属性到新建合成中"选项，将新建合成命名为"左面画面"，如图 4.3.37 所示。

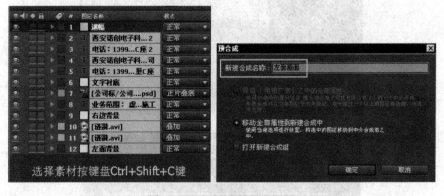

图 4.3.37　将选择素材进行预合成

（17）在合成时间线面板选择"左面画面"，按"Ctrl+D"组合键复制合成，将复制的合成重新命名为"右面画面"，如图 4.3.38 所示。

提示: 利用鼠标拖拽出一条参考线作为下一步绘制遮罩的辅助线, 单击字幕/活动安全框按钮 显示视图的字幕/活动安全框, 通过视图的字幕/活动安全框可以确定视图画面的中心位置, 如图 4.3.39 所示。

图 4.3.38　复制合成、重命名合成　　　　　　图 4.3.39　显示字幕/活动安全框确定中心位置

（18）单独显示"左面画面"合成, 配合"中心"参考线在画面左半部分绘制矩形遮罩, 利用同样的方法在"右面合成"上绘制矩形遮罩, 如图 4.3.40 所示。

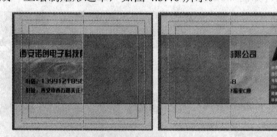

图 4.3.40　在左面画面、右面画面上分别绘制矩形遮罩

（19）选择"左面画面"合成按 P 键调出图层的"位置"属性, 在合成时间线 4 秒位置单击位置动画图标 设置动画关键帧, 按"Shift+Page UP"组合键将当前时间指示器向前移动 10 帧, 在图层的"位置"属性将左面画面向左移出视图部分, 系统将自动添加动画关键帧, 如图 4.3.41 所示。

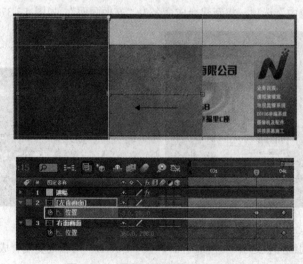

图 4.3.41　设置"左面画面"的位移动画

（20）利用同样的方法将"右面画面"合成向右移出视图部分，如图 4.3.42 所示。

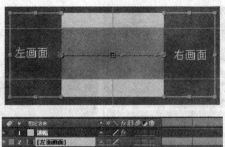

图 4.3.42　设置"右面面画面"的位移动画

（21）拖动当前时间指示器查看动画效果，如图 4.3.43 所示。

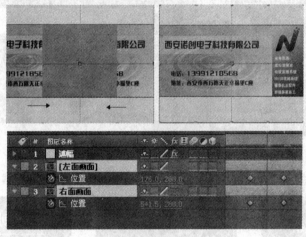

图 4.3.43　预览动画效果

（22）添加"生产线"素材到合成时间线最底层，如图 4.3.44 所示。

　　提示：在项目面板选择"蓝色背景"素材，单击鼠标右键菜单选择"定义素材"→"主要…"
选项，通过设置"定义素材"面板里素材的"循环"次数来延长素材的长度，如图 4.3.45 所示。

图 4.3.44　添加"生产线"素材

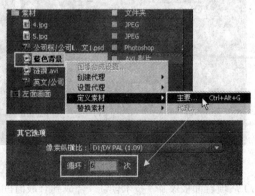

图 4.3.45　设置素材的循环次数

（23）在"蓝色背景"素材上绘制椭圆形遮罩，并设置遮罩羽化数值，如图 4.3.46 所示。

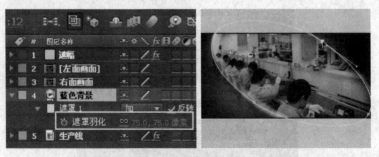

图 4.3.46　在"蓝色背景"素材绘制椭圆遮罩

（24）选择"生产线"素材添加"色阶"特效，详细设置参数如图 4.3.47 所示。

图 4.3.47　设置"生产线"素材色阶

（25）新建"技术创新"合成组并输入文字，利用钢笔工具绘制白色水平线条，如图 4.3.48 所示。

设置文字　　　　　　　　　　绘制水平白色线条　　　　　　　　文字最终效果

图 4.3.48　输入文字并绘制线条

（26）添加"光效"图层选择"屏幕"叠加模式，如图 4.3.49 所示。

图 4.3.49　添加"光效"图层

（27）从项目面板添加"技术创新"合成到合成时间线，并且设置文字从左向右微动的位移动画，如图 4.3.50 所示。

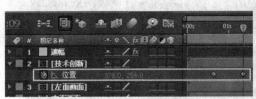

图 4.3.50　设置文字位移动画

提示： 在项目面板选择"技术创新"合成按"Ctrl+D"组合键复制合成，将复制的合成重新命名为"质量第一"，双击鼠标左键进入"质量第一"合成组中更改文字内容即可，如图 4.3.51 所示。

图 4.3.51　复制合成并更改文字内容

（28）从项目面板添加"质量第一"合成到合成时间线，并且设置文字从左向右微动的位移动画，如图 4.3.52 所示.

图 4.3.52　设置文字为移动画

（29）调整"技术创新"和"质量第一"图层的动画持续时间，如图 4.3.53 所示。

图 4.3.53　设置图层的动画持续时间

（30）在"西安诺创电子科技有限公司"文字上创建遮罩动画，如图 4.3.54 所示。

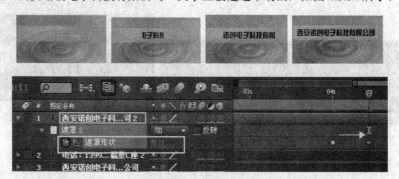

图 4.3.54　创建文字遮罩动画

（31）利用同样的方法给"电话和地址"文字创建由上向下的遮罩动画，如图 4.3.55 所示。

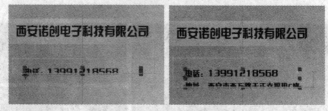

图 4.3.55　创建文字遮罩动画

（32）适当地调整动画顺序和持续时间后完成整个制作，如图 4.3.56 所示。

图 4.3.56　预览最终效果图

本 章 小 结

　　本章主要介绍了 MASK 遮罩和图形的绘制，以及画笔工具、橡皮擦工具和图章工具的应用和操作。通过对本章的学习，要求读者熟练使用各种绘图工具，并且在反复操作练习中掌握图形绘制的技巧。

操 作 练 习

一、填空题

1. 单击工具栏的钢笔工具，按_____键可以移动顶点的位置，按_____键可以转换顶点的类型。

2. MASK 遮罩工具包括矩形遮罩工具、_____、_____、多变形工具和星形工具等。

3. 在合成视窗工具栏单击显示遮罩开关可以_____遮罩边框，

4. 用鼠标框选遮罩顶点时，实心点的顶点为_____状态，空心点的顶点为_____状态。

5. 利用鼠标在遮罩顶点上单击移动可以改变遮罩的_____，按_____键可以转换遮罩顶点的类型，按 Alt 键单击鼠标左键移动可以_____遮罩。

6. 在不改变遮罩位置的情况下，利用定位点工具可以_____的图像。

7. 将遮罩羽化命令用于遮罩_____的模糊虚化效果，按_____键，在弹出的"遮罩羽化"对话框里输入所羽化的数值即可。

8. 选择图层按_____键，可以快速调出遮罩的"形状"选项；按_____键，可以快速调出遮罩的"羽化"选项；连续按两次_____键，可以快速调出遮罩的"透明度"选项。

9. 选择多边形工具在图层上绘制为_____，不选择任何图层在合成视窗上绘制为_____，并在合成时间线上自动创建"_____"。

10. 单击工具栏中的钢笔工具，在合成视窗配合 Shift 键可以绘制_____的直线；按 Ctrl 键可以_____的位置和调整顶点控制手柄来改变图形的形状。

二、选择题

1. 在工具栏单击画笔工具，然后单击执行"窗口"→"画笔"命令，或者按（　）键打开"画笔"设置面板。

 （A）Alt+6　　　　　　　　　　　　（B）Shift+8

 （C）Ctrl+9　　　　　　　　　　　　（D）Q

2. 当选择实用图章工具按住（　）键取样时，在图像上会出现一个十字线标记，表示当前画面为采样源图像部分。

 （A）Alt　　　　　　　　　　　　　　（B）Shift

 （C）Ctrl　　　　　　　　　　　　　　（D）Ctrl+Alt

3. 选择图层单击菜单执行"图层"→"遮罩"→"新建遮罩"命令，或者按（　）键新建遮罩。

 （A）Ctrl+N　　　　　　　　　　　　（B）Shift+N

 （C）Ctrl+ Alt+N　　　　　　　　　　（D）Ctrl+Shift+N

4. 单击工具面板的钢笔工具，按 Ctrl 键可以移动顶点的位置，按（　）键可以转换顶点的类型。

 （A）Ctrl　　　　　　　　　　　　　　（B）Alt

 （C）Shift　　　　　　　　　　　　　　（D）以上都不是

5. 在图层面板属性栏选择"遮罩 1"按（　）键，可以重新命名遮罩的名称。

 （A）Ctrl+Enter　　　　　　　　　　　（B）Alt+ Enter

 （C）Ctrl+ Alt+ Enter　　　　　　　　（D）Enter

三、简答题

1. 如何创建和编辑 MASK 遮罩?

2. 简述如何使用钢笔工具 绘制 MASK 遮罩?

3. 如何绘制形状图形? 如何编辑形状图形?

4. 简述如何使用画笔工具、图章工具和橡皮擦工具?

四、上机操作题

1. 通过练习能够熟练创建和编辑 MASK 遮罩和形状图形。

2. 反复练习"走势图"和"企业宣传电视广告"的制作。

第 5 章　文字的应用

　　文字是画面的主要组成部分之一，不仅在影视作品中起到了对画面的解释作用，还可以对画面进行美化和点缀。本章主要介绍在 After Effects CS4 中基本文字、特效文字的一些处理方法和应用。

知识要点

- ⊙ 创建文字
- ⊙ 编辑文字
- ⊙ 动画文字的介绍
- ⊙ 基本文字
- ⊙ 路径文字
- ⊙ 手写文字的制作

5.1　基　本　文　字

　　在 After Effects CS4 中可以使用工具箱中的横排文字工具、竖排文字工具来创建基本文字，在固态层上添加基本文字、路径文字和编号等创建特效文字。

5.1.1　创建文字

　　文字的创建有以下几种方式：

　　（1）使用工具箱面板单击横排文字工具 T 在合成视窗上单击，并且输入文字，如图 5.1.1 所示。

　　（2）在合成时间线面板单击鼠标右键菜单选择"新建"→"文字"选项，如图 5.1.2 所示。

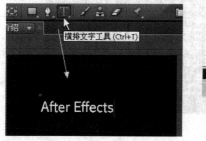
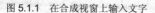

图 5.1.1　在合成视窗上输入文字

图 5.1.2　鼠标右键菜单

　　提示：当创建文字时，自动会在合成时间线添加一个文字图层，用鼠标双击该层可以修改文字内容，如图 5.1.3 所示。输入文字以后，按住 Ctrl 键的同时拖动鼠标可以移动文字的位置，如图 5.1.4 所示。

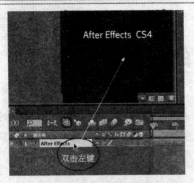

图 5.1.3　双击鼠标修改文字

图 5.1.4　用鼠标移动文字

（3）如果需要输入大量的文字内容，可以单击横排文字工具在合成视窗单击框选，即可生成一个段落文本框，在其中输入文字，如图 5.1.5 所示。

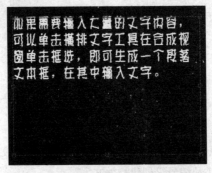

图 5.1.5　创建段落文字

注意：用横排文字工具 T 在合成视窗上单击输入的文字为点文字；用横排文字工具 T 在合成视窗上框选以后输入的文字为段落文字。选择点文字后单击鼠标右键菜单选择"转换为段落文字"选项，可以将点文字转换为段落文字，如图 5.1.6 所示。当输入段落文字时，文字会基于段落边界框的尺寸进行自动换行，也可以根据用户的需要自由调整段落边界框的大小，如图 5.1.7 所示。

图 5.1.6　点文字转换为段落文字

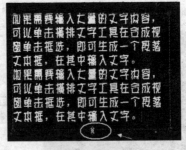

图 5.1.7　调整段落文字

（4）使用工具箱面板单击竖排文字工具 T 在合成视窗上单击，并且输入文字即可创建垂直文字，如图 5.1.8 所示。

提示：选择一段"水平"文字，单击鼠标右键菜单选择"垂直"选项，可以把"水平"文字转换成"垂直"文字，如图 5.1.9 所示。

图 5.1.8　创建垂直文字

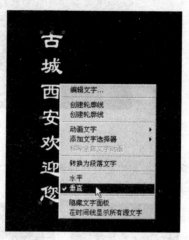

图 5.1.9　将水平文字转换为垂直文字

5.1.2　编辑文字格式

刚创建的文字都要对其进行字体、大小、颜色、粗细、字间距和行间距等文字格式的设置，具体操作方法如下：

（1）单击菜单执行"窗口"→"文字"命令，或者按"Ctrl+6"组合键可以打开文字面板，如图 5.1.10 所示。

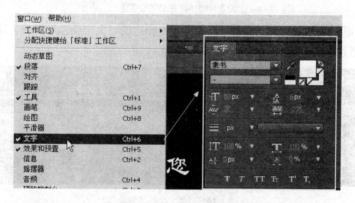

图 5.1.10　打开文字面板

提示：单击文字面板按钮，可以打开文字面板。在文字面板按钮后面勾选"自动打开面板"选项，当用户每次选择文字工具时将自动打开文字面板，如图 5.1.11 所示。

图 5.1.11　选择"自动打开面板"选项

（2）用鼠标双击左键选择文字，单击文字面板字体选项下拉图标，在下拉列表里选择一种字体，如图 5.1.12 所示。

图 5.1.12　设置文字的字体

注意：单击文字面板选项图标 ，在弹出的下拉列表中取消 "显示为英文字体名称"选项，可以用中文显示字体名称，如图 5.1.13 所示。

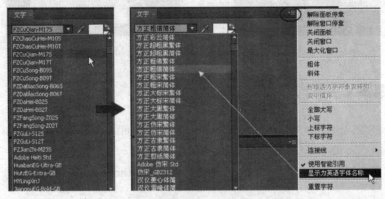

图 5.1.13　设置文字的字体

（3）在文字面板填充色色块上单击鼠标左键，在弹出的"文字颜色"面板上调整文字的填充颜色，如图 5.1.14 所示。

图 5.1.14　设置文字的填充颜色

（4）在文字面板描边色色块上单击鼠标左键，在弹出的"文字颜色"面板上设置文字的描边颜色，如图 5.1.15 所示。

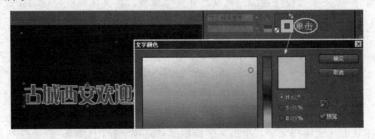

图 5.1.15　设置文字的描边颜色

提示：单击填充色色块■可以设置文字的填充颜色，单击描边色色块□可以设置文字的描边颜色，单击交换填充与描边图标■可以调换填充和描边的颜色，如图 5.1.16 所示。单击无填充色图标■可以取消填充和描边的颜色，单击黑白色图标□可以将填充和描边的颜色重置为黑白颜色，如图 5.1.17 所示。

图 5.1.16　调换文字的描边和填充颜色

设置文字的颜色为仅为填充色　　　　　　重置文字的填充和描边色为黑白色

图 5.1.17　设置文字的颜色

（5）将鼠标移至设置变宽图标■处单击拖拽可以设置文字的描边宽度，如图 5.1.18 所示。

图 5.1.18　设置文字的描边宽度

（6）将鼠标移至设置文字间距图标■处单击拖拽可以设置文字的字间距，如图 5.1.19 所示。

图 5.1.19　设置文字的字间距

（7）单击菜单执行"图层"→"从文字创建形状"命令，从文字创建一个文字形状图层，如图 5.1.20 所示。

（8）在合成视窗打开显示遮罩开关 ，单击钢笔工具 调整形状文字，如图 5.1.21 所示。

图 5.1.20　转换为形状文字　　　　　　　　　图 5.1.21　转换为形状文字

（9）在合成视窗单击并关闭显示遮罩开关 ，预览最终形状文字效果，如图 5.1.22 所示。

图 5.1.22　预览形状文字效果

5.1.3　动画文字的设置

在文字图层上单击"动画"展开图标 ，在展开的列表中选择动画选项，如图 5.1.23 所示。

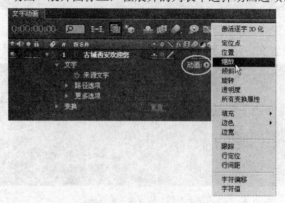

图 5.1.23　文字动画展开列表

下面制作一个文字绕路径的动画效果，具体操作步骤如下：

（1）利用钢笔工具 在文字图层上绘制路径曲线，如图 5.1.24 所示。

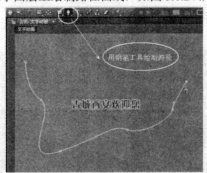

图 5.1.24　文字动画展

（2）展开文字图层的"路径选项"，在"路径"选项里选择刚才利用钢笔工具绘制的"遮罩 1"选项，如图 5.1.25 所示，文字都自动放置在"遮罩 1"的路径上了。

图 5.1.25　选择路径选项

（3）用鼠标单击"开始留白"选项的记录动画图标 ，调整"开始留白"参数，文字就会自动沿着以前绘制的路径移动，如图 5.1.26 所示。

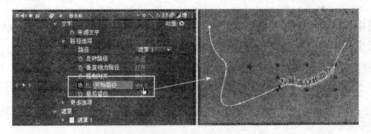

图 5.1.26　设置文字沿路径动画

（4）用鼠标单击适当调整路径，文字也始终跟随路径进行改变，如图 5.1.27 所示。

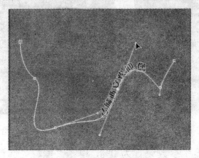

图 5.1.27　调整路径

提示：在路径选项下单击鼠标打开"反转路径"选项，可以将整个路径翻转过来，由原来的起点变成终点，如图 5.1.28 所示。单击鼠标打开"强制对齐"选项，可以将文字自适应铺满整个路径，如图 5.1.29 所示。

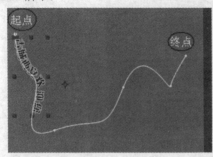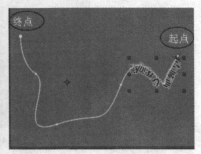

图 5.1.28　反转路径效果对比

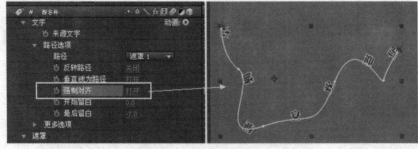

图 5.1.29　强制对齐效果显示

5.1.4　制作"打字机"效果文字

经常可以在电视上看到"打字机"效果的文字动画，下面就利用文字图层的"动画"选项制作一段"打字机"效果文字，具体操作步骤如下：

（1）单击横排文字工具 T 后在合成视窗上单击，输入"磨岩后期影视工作室"文字，如图 5.1.30 所示。

（2）在文字图层上单击"动画"展开图标 ▶，在展开的列表中选择"透明度"选项，如图 5.1.31 所示。

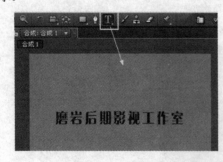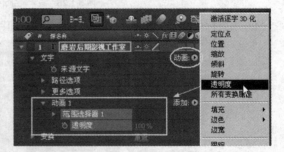

图 5.1.30　输入文字　　　　　　　　　　图 5.1.31　给文字添加透明度动画

（3）将文字图层的"透明度"参数设置为 0%，单击"偏移"选项前面的记录动画关键帧按钮 ▣，如图 5.1.32 所示。

（4）将当前时间指示器移至 0 秒开始处，设置"偏移"的参数为 0；将当前时间指示器移至 2 秒处，设置"偏移"的参数为 100，如图 5.1.33 所示。

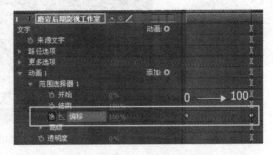

图 5.1.32　设置文字图层的透明度和偏移参数　　　图 5.1.33　设置文字图层的偏移参数动画

（5）用鼠标移动当前时间指示器从 0 秒到 2 秒间查看整个动画，完成"打字机"效果文字的制作，如图 5.1.34 所示。

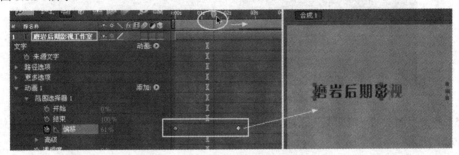

图 5.1.34　用鼠标移动时间指示器查看动画效果

5.1.5　制作"逐个砸文字"效果

前面我们利用文字图层动画列表当中的"透明度"制作了一段"打字机"效果文字，下来利用动画列表中的"缩放"和"透明度"一起来实现一段"逐个砸文字"效果。具体操作步骤如下：

（1）单击横排文字工具■在合成视窗上单击，输入"地址：西安市高新区锦业路"文字，如图 5.1.35 所示。

（2）在文字图层上单击"动画"展开图标■，在展开的列表中选择"缩放"选项，如图 5.1.36 所示。

图 5.1.35　输入文字　　　　　　　图 5.1.36　给文字添加缩放动画

（3）用鼠标单击"动画 1 的添加"展开图标■，在展开的列表中选择"特性"→"透明度"选项，如图 5.1.37 所示。

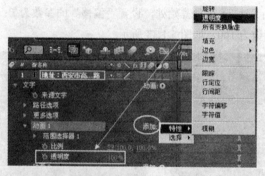

图 5.1.37　添加透明度选项

（4）将文字图层的"比例"参数设置为 197%，如图 5.1.38 所示。

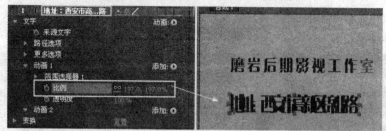

图 5.1.38　设置文字图层的比例参数

（5）将文字图层的"透明度"设置为 0%，单击"偏移"选项前面的记录动画关键帧按钮，如图 5.1.39 所示。

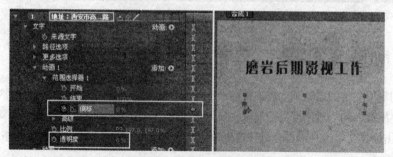

图 5.1.39　设置文字图层的透明度和偏移数值

（6）将当前时间指示器移至 2 秒开始处，设置"偏移"的参数为 0；将当前时间指示器移至 5 秒处，设置"偏移"的参数为 100，如图 5.1.40 所示。

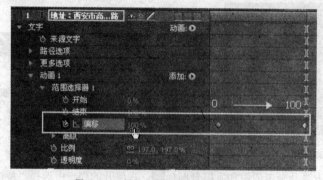

图 5.1.40　设置文字图层的偏移参数动画

注意：文字动画的持续时间要根据文字的数量和阅读速度来确定，按照正常的阅读文字速度每秒 3～4 个汉字不等，在制作的过程中我们都按每秒 3.5 个汉字来计算。

（7）用鼠标移动当前时间指示器从 2 秒到 5 秒间查看整个动画，完成"打字机"效果文字的制作，如图 5.1.41 所示。

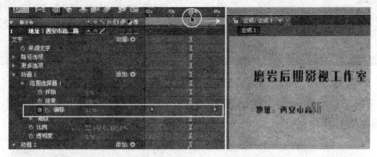

图 5.1.41 用鼠标移动时间指示器查看动画效果

5.1.6 制作"逐字放大"效果文字

大家经常在电视广告上见到商家的电话号码等数字在屏幕上逐个放大的效果，下面就利用"缩放"效果来制作一段"逐字放大"文字效果，具体操作步骤如下：

（1）单击横排文字工具 **T** 在合成视窗上单击，输入"QQ：411589835"文字，如图 5.1.42 所示。

（2）在文字图层上单击"动画"展开图标 ，在展开的列表中选择"缩放"选项，如图 5.1.43 所示。

图 5.1.42 输入文字

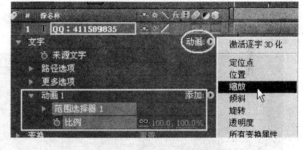

图 5.1.43 给文字添加缩放动画

（3）展开"范围选择器"选项设置"开始"和"结束"的数值，将范围正好设置为一个文字，如图 5.1.44 所示。

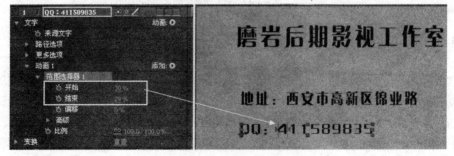

图 5.1.44 设置范围选择器

（4）设置文字"比例"选项的数值为920%，如图5.1.45所示。

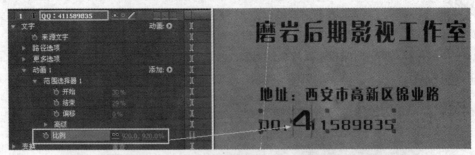

图5.1.45　设置文字比例大小

（5）将当前时间指示器移至5秒开始处，设置"偏移"的参数为0；将当前时间指示器移至8秒处，设置"偏移"的参数为100，如图5.1.46所示。

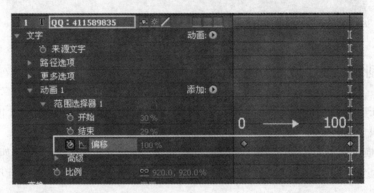

图5.1.46　设置文字动画的偏移数值

（6）用鼠标移动当前时间指示器从5秒到8秒间查看整个动画，完成"逐字放大"效果文字的制作，如图5.1.47所示。

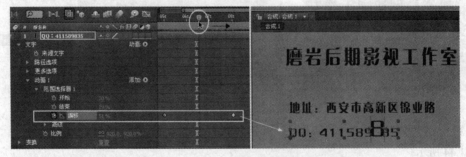

图5.1.47　查看动画效果

5.1.7　文字动画预置

在After Effects CS4软件的效果和预置里，自带了上百种文字动画效果以备用户直接使用，还可以调节动画数值，可以通过在"效果和预置"面板和在Adobe Bridge CS4中添加文字动画预置两种方式。首先，利用"效果和预置"面板添加文字动画预置，具体操作步骤如下：

（1）利用文字工具创建文字"一个阳光明媚的早晨"。单击菜单执行"窗口"→"效果和预置"命令，或者按"Ctrl+5"组合键打开"效果和预置"面板，如图5.1.48所示。

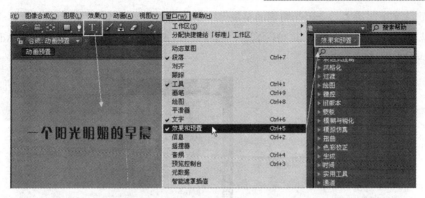

图 5.1.48　输入文字、打开效果和预置面板

（2）在"效果和预置"面板的查找栏输入"逐字"，在效果和预置面板里关于"逐字"相关字符的特效都一一展现了出来，如图 5.1.49 所示。

（3）单击"效果和预置"面板中的"逐字落入"效果拖拽到文字图层，如图 5.1.50 所示。

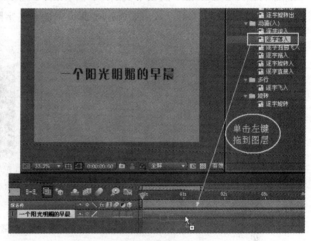

图 5.1.49　输入文字　　　　　　　　　　图 5.1.50　添加逐字落入效果

（4）用鼠标移动当前时间指示器查看整个动画，如图 5.1.51 所示。

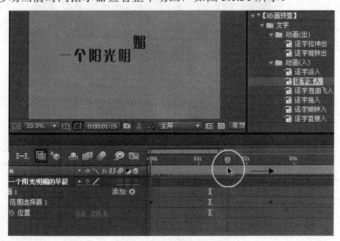

图 5.1.51　用时间指示器查看动画

利用在 Adobe Bridge CS4 面板添加文字动画预置，具体操作步骤如下：

（1）删除文字图层"一个阳光明媚的早晨"中刚才添加的文字效果。单击菜单执行"动画"→"浏览预置"命令，或者用鼠标单击"开始"→"程序"→"Adobe Bridge CS4"选项打开 Adobe Bridge CS4 面板，如图 5.1.52 所示。

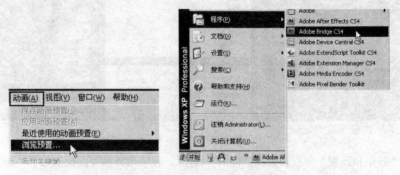

图 5.1.52　启动 Adobe Bridge CS4

（2）在 Adobe Bridge CS4 面板中找到"平滑移入"效果，通过预览窗口可以观看文字动画效果，在要添加的"平滑移入"效果上双击鼠标左键即可添加到文字图层，如图 5.1.53 所示。

图 5.1.53　预览和添加文字动画效果

（3）用鼠标移动当前时间指示器查看整个动画，如图 5.1.54 所示。

图 5.1.54　预览文字动画效果

5.2　特效文字

在固态层上添加各种文字效果就是特效文字，主要有基本文字、路径文字、编号和时间码等，下来分别对这几种文字的应用和设置进行介绍。

5.2.1　基本文字

基本文字的具体操作步骤如下：

（1）新建一个固态层，单击菜单执行"效果"→"旧版本"→"基本文字"命令，如图 5.2.1 所示。

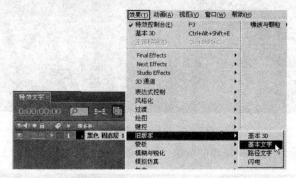

图 5.2.1　添加基本文字效果

（2）在弹出的"基本文字"面板里输入文字，设置文字的字体以后按"确定"按钮，如图 5.2.2 所示。

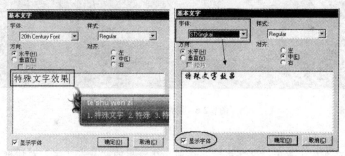

图 5.2.2　输入文字并设置字体

（3）在特效控制台面板的"基本文字"特效里调整文字的"大小"数值，如图 5.2.3 所示。

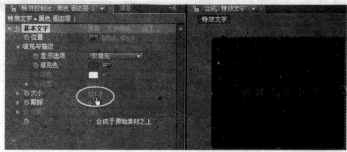

图 5.2.3　调整文字大小

（4）单击面板上"显示选项"的下拉图标▼选择"填充在边框上"选项，并设置描边宽度和颜色，如图 5.2.4 所示。

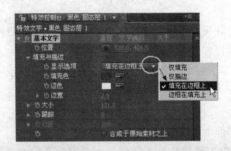

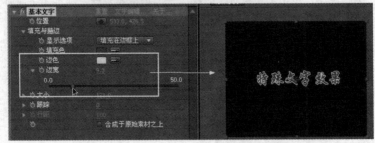

图 5.2.4　调整文字的描边选项

（5）单击鼠标拖动 "跟踪"选项的数值，可以调整文字的间距，如图 5.2.5 所示。

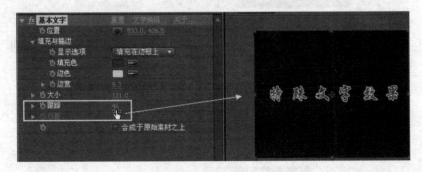

图 5.2.5　调整文字的间距

提示：在面板上单击"文字编辑"选项，在弹出的"基本文字"对话框里可以重新编辑文字，如图 5.2.6 所示。

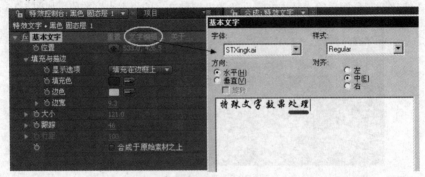

图 5.2.6　"基本文字"对话框

5.2.2　路径文字

路径文字的具体操作步骤如下：

（1）新建一个固态层，单击菜单执行"效果"→"旧版本"→"路径文字"命令，如图 5.2.7 所示。

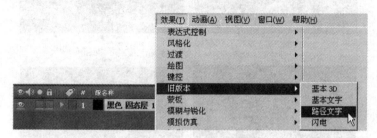

图 5.2.7　添加路径文字效果

（2）在弹出的"路径文字"面板里输入文字，设置文字的字体以后按"确定"按钮，如图 5.2.8 所示。

图 5.2.8　输入文字并设置字体

（3）在特效控制台面板的"路径选项"里选择"曲线"选项，如图 5.2.9 所示。

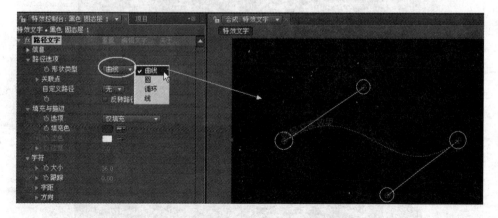

图 5.2.9　选择路径形状类型

注意：路径文字里路径的形状类型分为曲线、圆、循环和线四种，如图 5.2.10 所示。

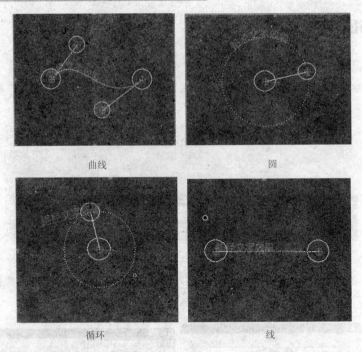

曲线　　　　　　　　　　　　圆

循环　　　　　　　　　　　　线

图 5.2.10　路径的形状类型

提示： 在路径文字里可以利用钢笔工具根据用户需要来绘制路径，在"自定义路径"下拉列表里选择所绘制的路径名称"遮罩 1"选项，文字会自动跟随着刚才所绘制的路径，如图 5.2.11 所示。

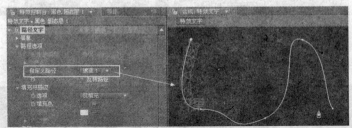

图 5.2.11　自定义路径文字

（4）在特效控制台面板的"路径文字"特效里调整文字的"填充与描边"数值，如图 5.2.12 所示。

图 5.2.12　自定义路径文字

（5）在"字符"选项里调整文字的"大小和跟踪"数值，如图 5.2.13 所示。

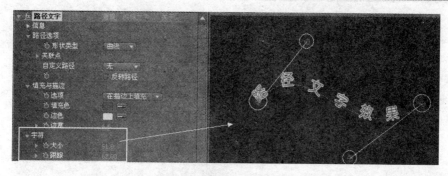

图 5.2.13 设置路径文字的字符选项

（6）在"段落"选项里单击"对齐"下拉列表选择"强制"选项，路径文字将自适应到整个路径，如图 5.2.14 所示。

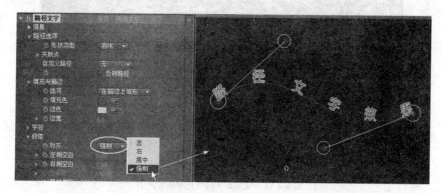

图 5.2.14 设置路径文字的对齐方式

5.2.3 编号文字

编号文字的具体操作步骤如下：

（1）新建一个固态层，单击菜单执行"效果"→"文字"→"编号"命令，如图 5.2.15 所示。

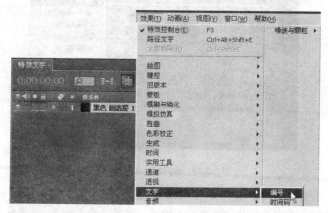

图 5.2.15 添加编号文字

（2）在弹出的"编号"文字面板里设置文字的"字体"和"方向"以后按"确定"按钮，如图 5.2.16 所示。

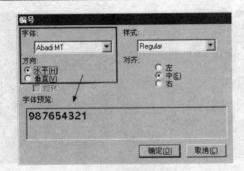

图 5.2.16　编号文字对话框

（3）在特效控制台面板设置文字的"填充和描边"和"大小"数值，如图 5.2.17 所示。

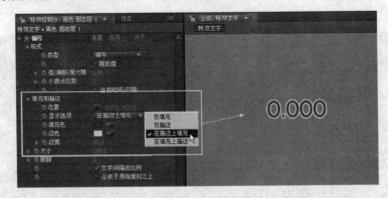

图 5.2.17　设置文字的填充和描边大小

（4）在特效控制台面板"格式"选项里的"类型"下拉列表里选择"编号"选项，如图 5.2.18 所示。

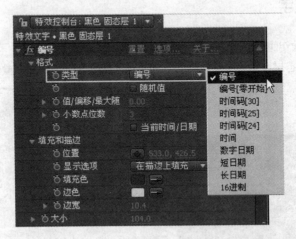

图 5.2.18　选择编号文字的类型

注意：在编号文字里的格式类型分为编号、编号（零开始）、时间码（30/25/24）、时间、数字日期、短日期、长日期和 16 进制等，如图 5.2.19 所示。

图 5.2.19　编号文字的类型

提示：在"格式"选项下调整"小数点位数"数值可以设置编号文字的小数点位数，如图 5.2.20 所示；当编号文字类型为"时间"时，勾选"当前时间/日期"选项可以显示当前时间，如图 5.2.21 所示。

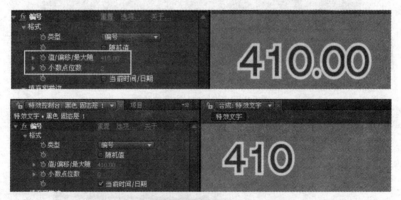

图 5.2.20　设置编号文字的小数点位数

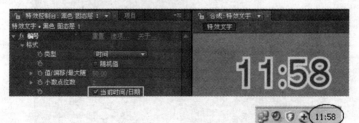

图 5.2.21　显示当前时间

（5）在特效控制台面板的"格式"选项里的"值/偏移/最大值"选项上单击鼠标右键，在右键菜单里选择"重置"选项，如图 5.2.22 所示。

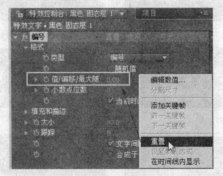

图 5.2.22　重置编号文字的"值/偏移/最大值"参数

（6）将当前时间指示器移动至 0 秒处，单击"值/偏移/最大值"选项前面的动画图标，开始记录动画；将当前时间指示器移动至 2 秒处，调整"值/偏移/最大值"的数值，如图 5.2.23 所示。

当前时间指示器在 0 秒处

当前时间指示器在 2 秒处

图 5.2.23　设置编号文字的动画

（7）用鼠标拖动当前时间指示器查看整个动画效果，如图 5.2.24 所示。

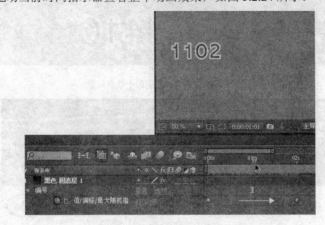

图 5.2.24　查看编号文字动画效果

5.3 课 堂 实 战

5.3.1 "烟雾"文字效果

本例主要利用前面所学的知识制作"烟雾"文字,主要运用基本文字的创建和设置、烟雾的制作、置换映射特效的应用和模糊特效的应用。通过本例的讲解,帮助读者对前面所学的一些知识进行全面的复习和巩固,最终效果如图 5.3.1 所示。

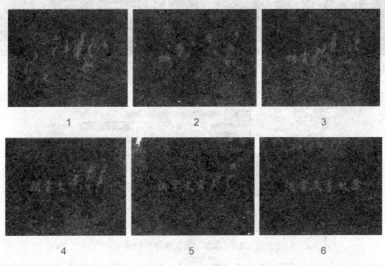

图 5.3.1 最终效果图

操作步骤

(1)新建一个合成命名为"烟雾文字",合成的持续时间为 10 秒,详细参数如图 5.3.2 所示。

(2)新建一个固态层添加"基本文字"效果,在"基本文字"对话框里输入文字"烟雾文字效果",如图 5.3.3 所示。

图 5.3.2 "图像合成设置"对话框

图 5.3.3 "基本文字"设置对话框

(3)新建合成命名为"烟雾"图层,新建固态层命名为"烟雾",详细参数如图 5.3.4 所示。

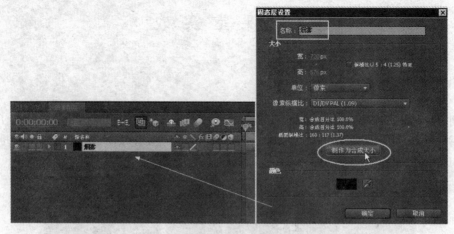

图 5.3.4　创建固态层

（4）选择固态层单击菜单添加"效果"→"噪波与颗粒"→"紊乱杂波"特效，如图 5.3.5 所示。

图 5.3.5　添加"紊乱杂波"特效

（5）在特效控制台面板设置"紊乱杂波"特效的"对比度""亮度"和"复杂度"数值，如图 5.3.6 所示。

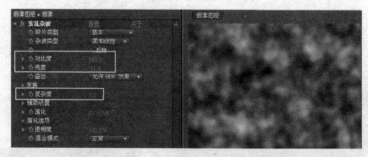

图 5.3.6　设置"紊乱杂波"特效的数值

（6）将当前时间指示器移至合成时间线 0 秒处，单击"演化"的动画图标，将当前时间指示器移至合成时间线 4 秒处，将"演化"的数值设置为 2 圈，如图 5.3.7 所示。

图 5.3.7　设置"演化"的数值

（7）利用椭圆形遮罩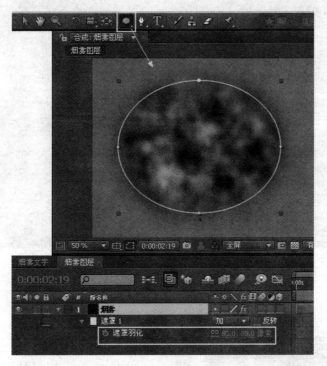工具在"烟雾"层上绘制椭圆遮罩，并设置遮罩羽化为 85 像素，如图 5.3.8 所示。

图 5.3.8 绘制椭圆形遮罩

（8）从 0 到 2 秒间给"烟雾"图层设置位移动画，让 "烟雾"图层整个移出合成视窗，如图 5.3.9 所示。

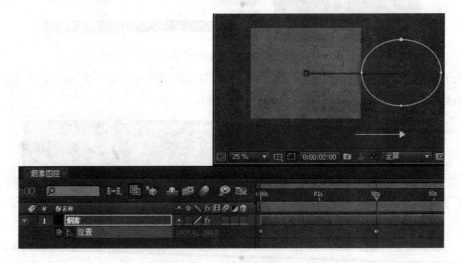

图 5.3.9 给"烟雾"图层设置位移动画

（9）在项目面板将"烟雾图层"合成添加到"烟雾文字"合成，如图 5.3.10 所示。

（10）单击图层隐藏图标，隐藏"烟雾图层"的显示并单击菜单添加"效果"→"扭曲"→"置换映射"特效，如图 5.3.11 所示。

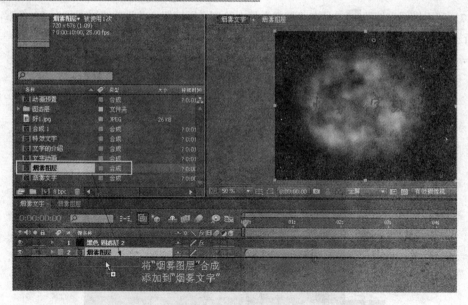

图 5.3.10　将"烟雾图层"合成添加到"烟雾文字"合成

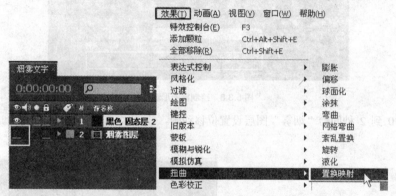

图 5.3.11　添加"置换映射"特效

（11）在特效控制台面板将"置换映射"特效的"映射图层"设置为"烟雾图层"，并设置"最大水平置换"和"最大垂直置换"参数，如图 5.3.12 所示。

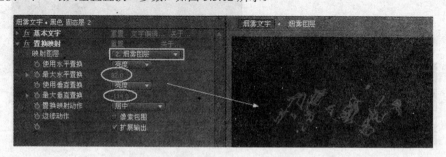

图 5.3.12　设置"置换映射"参数

（12）在"烟雾图层"合成选择"文字"层，单击菜单添加"效果"→"模糊与锐化"→"高斯模糊"特效，适当调整"模糊量"的数值，如图 5.3.13 所示。

（13）用鼠标拖动当前时间指示器查看整个动画，如图 5.3.14 所示。

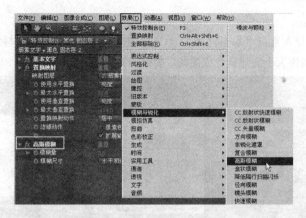

图 5.3.13 添加"高斯模糊"特效

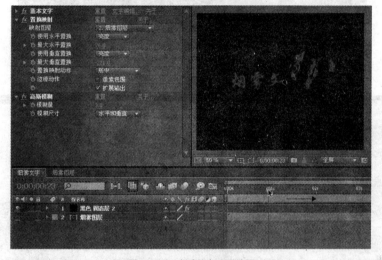

图 5.3.14 查看整个动画效果

5.3.2 "手写文字"动画

本例主要利用"矢量绘图"特效制作"手写文字"动画效果，最终效果如图 5.3.15 所示。

图 5.3.15 最终效果图

操作步骤

（1）在项目面板导入素材"水墨背景"，单击左键拖拽"水墨背景"素材到新建合成图标，以"水墨背景"素材图像大小创建新合成图像，如图 5.3.16 所示。

图 5.3.16　创建水墨合成

（2）导入"水墨文字"素材添加到合成时间线，如图 5.3.17 所示。

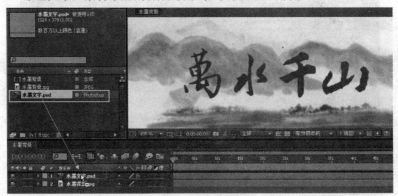

图 5.3.17　添加水墨文字素材

（3）选择"水墨文字"素材单击菜单添加"效果"→"生成"→"填充"特效，在特效控制台面板单击"填充"特效的"颜色"色块调整填充颜色，详细参数如图 5.3.18 所示。

图 5.3.18　调整文字的填充颜色

（4）选择"水墨文字"素材单击菜单添加"效果"→"绘图"→"矢量绘图"特效，如图 5.3.19 所示。

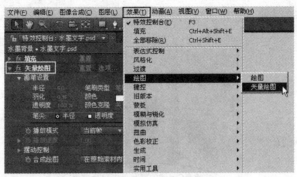

图 5.3.19 添加矢量绘图特效

（5）在特效控制台面板适当调整"矢量绘图"的画笔的半径，单击"颜色"色块设置画笔的颜色，详细参数如图 5.3.20 所示。

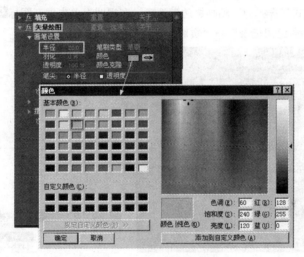

图 5.3.20 设置画笔的颜色和半径

注意： 设置矢量绘图画笔的笔尖半径的时候，一定要将画笔放在文字上反复对比，确保画笔的笔尖半径大于文字的画笔半径。另外，画笔的颜色一定要和文字颜色有所区别，如图 5.3.21 所示。

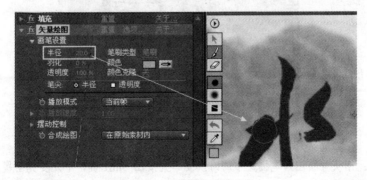

图 5.3.21 设置矢量画笔的半径

提示：在特效控制台面板选择"矢量绘图"特效，按 Ctrl 键的同时在视图上单击鼠标左键拖动可以调整画笔笔尖的大小，如图 5.3.22 所示。

图 5.3.22　设置画笔的笔尖大小

（6）将"播放模式"选择为"动画描边"选项，在视图上单击展开图标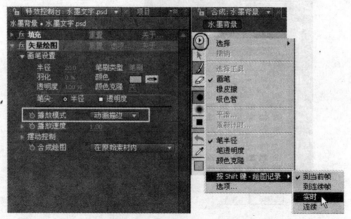，在下拉列表里用鼠标单击选择"按 Shift 键-绘图记录"→"实时"选项，如图 5.3.23 所示。

图 5.3.23　设置矢量绘图记录和播放模式

（7）在按住 Shift 键的同时用画笔顺着文字的笔画开始描文字，如图 5.3.24 所示。

图 5.3.24　用矢量绘图画笔描文字

注意：用矢量绘图画笔描文字的时候要一直按住 Shift 键，一定要完全覆盖住源文字的颜色，描文字必须按汉字的书写顺序进行。

（8）设置"播放速度"的数值，然后在"合成绘图"下拉列表里选择"作为蒙板"选项，如图5.3.25 所示。

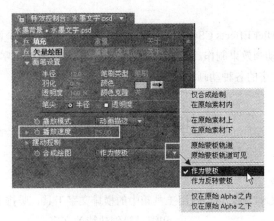

图 5.3.25 用矢量绘图

（9）给"水墨文字"添加"高斯模糊"特效，如图 5.3.26 所示。

图 5.3.26 添加高斯模糊特效

（10）用鼠标拖动当前时间指示器查看整个"手写文字"动画效果，如图 5.3.27 所示。

图 5.3.27 拖动当前时间指示器查看动画效果

本 章 小 结

本章主要介绍了在 After Effects CS4 中文字的应用和编辑，并通过两个课堂小实例介绍了"烟雾文字"和"手写文字"的动画效果制作。通过对本章的学习，要求读者完全掌握文字的各种编辑方法，通过练习能够灵活运用文字的各种动画设置。

操 作 练 习

一、填空题

1. 在 After Effects CS4 中，可以使用工具箱中的横排文字工具、竖排文字工具来创建_____文字，在固态层上添加_____、_____和编号等创建特效文字。

2. 当创建文字时，自动会在合成时间线_____，用鼠标双击该层可以修改文字内容。

3. 当输入文字以后按住____键的同时拖动鼠标可以移动文字的位置。

4. 使用工具箱面板单击文字工具▣在合成视窗上单击，并且输入文字即可创建_____。

5. 当输入文字以后可以通过在_____面板和在_____中添加文字动画预置两种方式。

6. 在路径文字里的路径的形状类型分为_____、_____、_____和线四种。

7. 在编号文字里的"格式"选项下调整"小数点的位数"数值可以设置编号文字的_____；当编号文字类型为"时间"时，勾选"当前时间/日期"选项可以显示_____。

8. 在特效控制台面板选择"矢量绘图"特效，按住 Ctrl 键的同时在视图上单击鼠标_____可以调整画笔的笔尖大小。

二、选择题

1. 用矢量绘图画笔描文字的时候要一直按住（　）键，还要完全覆盖住源文字的颜色。

（A）Alt   （B）Shift

（C）Ctrl+ Shift   （D）Q

2. 在文字面板按钮▣后面勾选"自动打开面板"选项，当用户每次选择文字工具▣时将自动打开（　）面板。

（A）效果   （B）项目

（C）文字   （D）合成时间线

3. 单击菜单执行"图层"→"从文字创建形状"命令，可以从文字创建（　）。

（A）文字形状图层   （B）固态层

（C）虚拟层   （D）调节层

4. 如果需要输入大量的文字内容，可以单击横排文字工具在合成视窗单击并拖拽，即可生成（　）框并输入文字。

（A）点文字   （B）手写文字

（C）段落文字   （D）以上都不是

5. 选择一段"水平"文字，单击鼠标右键菜单选择"垂直"选项，可以把"水平"文字转换成（　）文字。

（A）垂直　　　　　　　　　　　（B）水平
　　（C）横排　　　　　　　　　　　（D）动画

三、简答题

1．如何编辑文字格式？如何创建段落文字？
2．如何将段落文字转换为点文字？如何将水平文字转换为垂直文字？
3．简述创建文字的方式都有哪几种？
4．简述编号文字都有哪些文字类型？

四、上机操作题

1．熟练制作"打字机""逐个砸文字"和"逐字放大"文字动画效果。
2．能够制作"烟雾文字"和"手写文字"动画效果。

第 6 章 绚丽的视频特效

特效是视频处理特殊效果里的一个很强大的工具，而 After Effects 正是一款强大的影视后期特效软件，利用特效不但可以将图像进行各种美轮美奂的视觉处理，还可以对图像进行各种艺术处理。本章主要介绍了常用的一些视频特效的基础知识、使用方法和技巧。

知识要点

- ⊙ 视频的色彩校正
- ⊙ 亮度与对比度
- ⊙ 转换颜色和更改颜色
- ⊙ 视频风格化、扭曲和生成特效
- ⊙ 模拟仿真
- ⊙ 键控
- ⊙ 视频的动态跟踪技术

6.1 视频的色彩校正

色彩校正是视频滤镜中最重要的部分之一，由于前期拍摄时常会导致一些视频偏色，而颜色也是吸引人的第一要素，合理地调整视频色彩可以使图像更加逼真、生动和令人悦目，如图 6.1.1 所示。

图 6.1.1 不同的色彩效果对比

6.1.1 亮度与对比度

利用亮度和对比度特效可以对图像色调的亮度和范围进行调整，也是视频色彩校正的基本方式。

使用亮度与对比度特效调整图像的具体操作方法如下：

（1）导入素材并添加到合成时间线，单击菜单添加"效果"→"色彩校正"→"亮度与对比度"特效，或者在"效果和预置"面板查找栏输入文字"亮"即可找到"亮度与对比度"，在特效文字上双击鼠标左键可以将特效添加到选择的图层上，如图6.1.2所示。

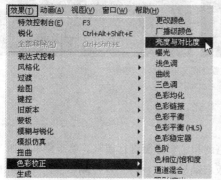
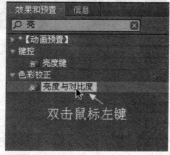

图6.1.2 不同的颜色效果

（2）在特效控制台面板选择"亮度与对比度"，单击鼠标左键拖动"亮度"滑块调整数值，或者用鼠标在数值上单击左键直接输入"亮度"的数值，如图6.1.3所示。

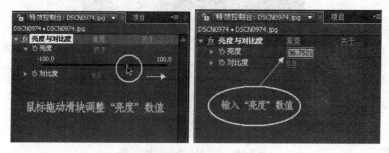

图6.1.3 调整"亮度"数值

（3）利用同样的方法调整图像的"对比度"数值，如图6.1.4所示。

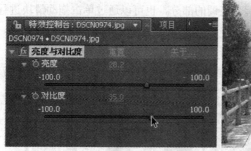

图6.1.4 调整"对比度"数值

提示： 在特效控制台面板选择"亮度"选项，单击右键在下拉列表中选择"重置"选项可将"亮度"数值重置；单击"亮度与对比度"特效上面的"重置"文字可将整个特效重置为软件默认数值，如图6.1.5所示。

图 6.1.5　重置"亮度与对比度"数值

6.1.2　色阶

通过色阶特效可以对图像的明暗部分、色调和色彩平衡进行调整。单击菜单添加"效果"→"色彩校正"→"色阶"特效，在特效控制台面板自动显示"色阶"各控制属性，如图 6.1.6 所示。

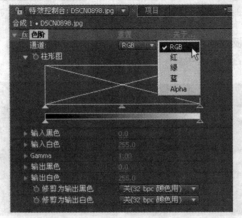

图 6.1.6　"色阶"特效控制台面板

其中各选项的含义如下：

通道：用户可以在下拉列表中根据图像的变化选择其中的一种颜色通道进行单独调整。

输入黑色/白色：主要调整图像中暗调和亮调的部分，也可以通过单击拖动滑块进行调整。

Gamma：主要对图像的中间调进行调整。

输出黑色/白色：主要限定图像中亮度和暗调的范围。

通过使用色阶特效可以处理一些曝光不足或者偏色的素材，调整后使图像更加清晰和逼真，最终效果如图 6.1.7 所示。

图 6.1.7　调整"色阶"前后效果对比

6.1.3　曲线

曲线特效实质上和色阶特效基本相同,都是用来调整图像的色调范围,但是曲线特效可以对图像的局部随意进行调整。单击菜单添加"效果"→"色彩校正"→"曲线"特效,在特效控制面板自动显示"曲线"各控制属性,如图 6.1.8 所示。

从上图可以看出曲线图上分别有水平轴和垂直轴,水平轴向和垂直轴向之间可以通过调节对角线来控制,用鼠标在曲线上单击可以增加节点,通过调整节点来改变曲线的曲率来调整图像,如图 6.1.9 所示。

 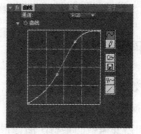

图 6.1.8　"曲线"特效控制面板　　　图 6.1.9　调整曲线的曲率

注意: 将曲线右上角的控制点向左移动,增加图像亮部的对比度并使图像变亮,将曲线左下角的控制点向右移动,增加图像暗部的对比度并使图像变暗,如图 6.1.10 所示。

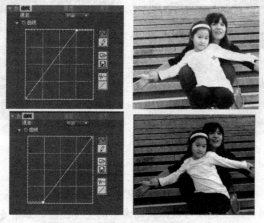

图 6.1.10　调整图像的明暗度和对比度

在"通道"中可以选择图像的 RGB、红色、绿色、蓝色和 Alpha 中的一个颜色通道进行调整,如图 6.1.11 所示。

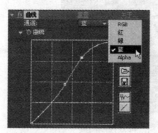 

图 6.1.11　调整图像的颜色通道

经过对"通道"中各通道曲线的调整，最终效果如图 6.1.12 所示。

图 6.1.12 调整"曲线"前后效果对比

6.1.4 色彩平衡

利用色彩平衡特效可以对一些偏色图像进行一般性的色彩校正，可以更改图像的整体混合颜色。使用色彩平衡的具体操作方法如下：

（1）导入并添加需要调整的素材，图像很明显整体偏蓝色，如图 6.1.13 所示。

（2）单击菜单添加"效果"→"色彩校正"→"色彩平衡"特效，在特效控制台面板自动显示"色彩平衡"各项控制属性，如图 6.1.14 所示。

图 6.1.13 导入需要调整的素材　　　　　图 6.1.14 "色彩平衡"特效控制面板

提示：在"色彩平衡"特效中根据图像来选择更改色调范围，从整体上分为阴影、中值和高光三种色调，勾选"保持亮度"选项可以保持图像中的亮度范围，如图 6.1.15 所示。

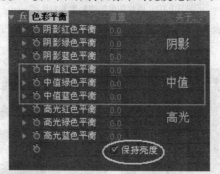

图 6.1.15 "色彩平衡"特效控制面板

（3）在"色彩平衡"特效控制面板用鼠标单击并拖动"中值蓝色平衡"选项滑块，在图像中降低蓝色的同时适当增加绿色和红色，如图 6.1.16 所示。

图 6.1.16　调整"色彩平衡"最终效果

6.1.5　色相位/饱和度

利用色相位/饱和度特效可对图像的主色调色、饱和度和亮度进行处理，也是图像颜色校正中最基本、最常用的一种视频校色特效。

单击菜单添加"效果"→"色彩校正"→"色相位/饱和度"特效，在特效控制台面板自动显示"色相位/饱和度"各项控制属性，如图 6.1.17 所示。

注意：在使用"色相位/饱和度"特效调整图像时，首先在"通道控制"下拉列表里根据图像的选择调整颜色的范围，结果如图 6.1.18 所示。

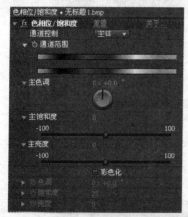

图 6.1.17　"色相位/饱和度"特效控制面板

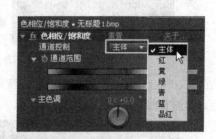

图 6.1.18　选择"通道范围"

主色调：调整主色调可以改变图像的色彩变化，前面的数值表示色相轮转动的圈数，后面的数值表示所选颜色在颜色轮所处的度数。

主饱和度：通过调整数值可以改变图像的饱和度，数值越大饱和度越高。当饱和度为最低-100时，图像为黑白去色图像。

主亮度：主要是调整图像的亮度，数值越大亮度越高，其取值范围在-100～100 之间。

提示：在"色相位/饱和度"特效控制面板勾选"彩色化"选项，可对图像进行"着色"

处理，如图 6.1.19 所示。

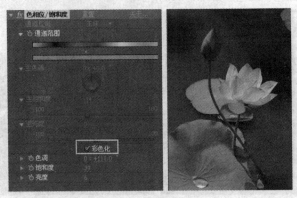

图 6.1.19　选择"彩色化"选项

6.1.6　转换颜色和更改颜色

转换颜色特效实质上就是从图像中选择一种颜色替换为用户指定的颜色范围，同时还可以替换并调整颜色的色相、饱和度和亮度。

使用转换颜色调整图像的具体操作方法如下：

（1）导入并添加需要调整的"荷花"素材，单击菜单添加"效果"→"色彩校正"→"转换颜色"特效，如图 6.1.20 所示。

图 6.1.20　导入素材并添加转换颜色特效

（2）在特效控制台面板选择"转换颜色"特效，单击"从"选项后面的吸管在图像上吸取需要转换的颜色，如图 6.1.21 所示。

图 6.1.21　在图像上吸取需要转换的颜色

提示：当吸管在图像上吸取所转换的颜色以后，然后在"转换颜色"控制面板上勾选"查看校正蒙板"选项来查看选择的范围，白色区域为选择范围，黑色区域为未选择范围，如图 6.1.22 所示。

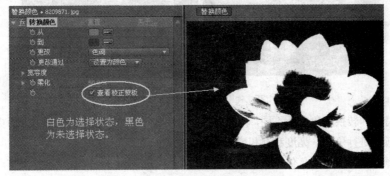

图 6.1.22　查看选择范围

（3）在"转换颜色"特效控制面板单"到"选项后面的色块，在弹出的"到"面板设置替换的颜色，如图 6.1.23 所示。

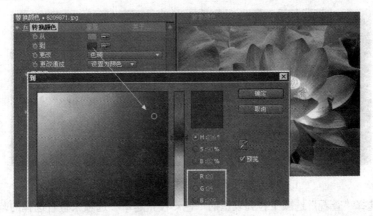

图 6.1.23　设置替换的颜色

注意：用鼠标拖动"转换颜色"→"宽容度"→"色调"滑块可以改变所替换颜色范围的大小，如图 6.1.24 所示。

图 6.1.24　调整"色调"参数

（4）调整"柔化"数值后观察转换颜色前后的对比效果，如图 6.1.25 所示。

图 6.1.25　使用"转换颜色"前后效果对比

更改颜色特效和转换颜色有所不同，转换颜色是对图像中所选的颜色进行替换，而更改颜色是对图像中选择的颜色进行色调、亮度和饱和度的更改变化。

使用更改颜色调整图像的具体操作方法如下：

（1）同样利用"荷花"素材，单击菜单添加"效果"→"色彩校正"→"更改颜色"特效，在特效控制台面板选择"更改颜色"特效，单击"颜色更改"选项后面的吸管在图像上吸取需要更改的颜色，如图 6.1.26 所示。

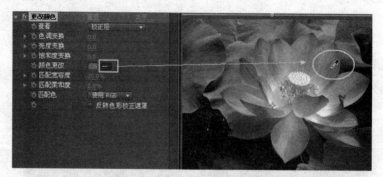

图 6.1.26　在图像上吸取需要更改的颜色

（2）单击选择"查看"选项下拉列表里的"色彩校正遮罩"选项来查看选择的范围，同样地白色区域为选择范围，黑色区域为未选择范围，如图 6.1.27 所示。

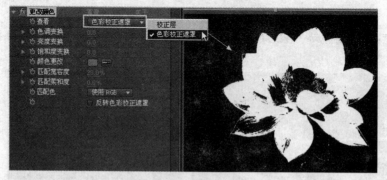

图 6.1.27　查看选择范围

提示：在"更改颜色"特效控制面板上勾选"反转色彩校正遮罩"选项，可以反向选择更改颜色的区域，如图 6.1.28 所示。

图 6.1.28　反转选择的区域范围

（3）用鼠标单击拖动"色调变化"滑块来更改所选颜色的色调变换，最后观察更改颜色前后的对比效果，如图 6.1.29 所示。

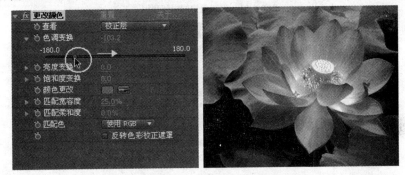

图 6.1.29　使用"更改颜色"前后效果对比

6.1.7　三色调

利用三色调特效可以调整图像的高光、阴影和中间色调，并可以指定三种色调来改变图像的整体颜色。使用三色调特效调整图像的具体操作方法如下：

（1）导入并添加需要调整的素材，单击菜单添加"效果"→"色彩校正"→"三色调"特效，如图 6.1.30 所示。

图 6.1.30　导入素材并添加三色调特效

（2）在特效控制台面板选择"三色调"特效，单击"中间色"选项后面的色块，在弹出的"中间色"面板上设置图像的中间色调，如图 6.1.31 所示。

（3）适当地调整"与原始图像混合"数值，查看更改颜色前后的对比效果，如图 6.1.32 所示。

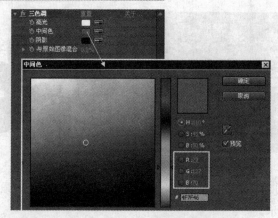

图 6.1.31　设置图像的中间色调

图 6.1.32　使用"三色调"特效的前后对比效果

提示：使用"三色调"特效来调整高光、阴影和中间色调的颜色可以改变各种不同风格的图像色调，如图 6.1.33 所示。

图 6.1.33　使用"三色调"特效的各种效果展示

6.1.8　分色

在电视上经常可以看到一些画面为了突出体现某一物体的表现形式，在图像上指定的颜色保留不变，将其他部分颜色转换为灰色的"单色保留"的一种艺术效果，这是用分色特效制作的。

使用分色特效调整图像的具体操作如下：

（1）选择需要调整的素材单击菜单添加"效果"→"色彩校正"→"分色"特效，在特效控制台面板选择"分色"特效，单击"颜色分离"选项后面的吸管在图像上吸取要保留的颜色，如图 6.1.34 所示。

（2）单击拖拽"脱色数量"滑块调整脱色数量，将背景颜色去色，如图 6.1.35 所示。

（3）使用分色特效处理图像的前后最终效果对比如图 6.1.36 所示。

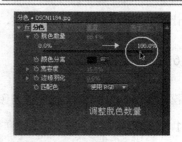

图 6.1.34 用吸管吸取要保留的颜色　　　　　　　　图 6.1.35 调整脱色数量

图 6.1.36 使用"分色"特效前后的对比效果

6.1.9 自动对比度和自动颜色

自动对比度特效可以对图像亮度和暗度的对比度进行自动调整,可以方便又快捷地调整图像的对比度,主要用于对图像进行一些简单的粗略调整,效果如图 6.1.37 所示。

图 6.1.37 使用"自动对比度"特效前后对比效果

自动颜色特效可以自动调整图像的颜色,主要针对图像的亮度和颜色之间的简单粗略调整,如图 6.1.38 所示。

图 6.1.38 使用"自动颜色"特效前后对比效果

6.2　视　频　特　效

众所周知 After Effects 是一款强大的影视后期特效软件,使用各种特效不仅可以帮助动画师、视频设计师完成理想而完美的视觉效果，还可以使图像产生各式各样美轮美奂的艺术效果。

6.2.1 模糊与锐化

模糊特效主要用于对过清晰的图像进行各种各样的模糊处理，使图像变得更加柔和。

1. 方向模糊

方向模糊特效是一种十分具有动感的模糊效果，可以根据用户的设定产生任何方向的运动幻觉，如图 6.2.1 所示。

图 6.2.1 应用方向模糊特效前后效果对比

2. 高斯模糊

高斯模糊特效是一种最为常用的模糊特效，它主要是根据高斯模糊曲线的分布模式对图像进行模糊处理。选择素材单击菜单添加"效果"→"模糊与锐化"→"高斯模糊"特效，在特效控制面板拖动"模糊量"的滑块来设置图像的模糊程度，数值越大则图像的模糊效果越明显，如图 6.2.2 所示。

图 6.2.2 调整高斯模糊特效的模糊量

3. 径向模糊

径向模糊特效既可以对图像进行旋转模糊，也可以进行放射状模糊处理，如图 6.2.3 所示。

旋转模糊　　　　　　　　　　　　　　放射状模糊

图 6.2.3 使用径向模糊特效

4．通道模糊

通道模糊特效是分别对图像中的红色、绿色、蓝色和 Alpha 通道进行模糊处理的效果，并可以设置水平或者垂直的模糊的方向，如图 6.2.4 所示。

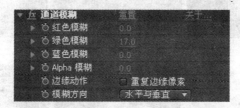

图 6.2.4　使用通道模糊特效

5．复合模糊

复合模糊特效是用户选定"模糊层"为依据对其中一层画面的亮度值进行模糊处理，如图 6.2.5 所示。

图 6.2.5　使用复合模糊特效

6．快速模糊

快速模糊用于设置图像的模糊程度，它和高斯模糊特效十分类似，而它在大面积应用的时候速度更快。

模糊特效主要用于对过清晰的图像进行各种各样的模糊处理，使图像变得更加柔和。

锐化特效主要用于在图像颜色发生变化的地方提高对比度，增强图像的轮廓，如图 6.2.6 所示。

图 6.2.6　使用锐化特效前后效果对比

6.2.2　风格化

风格化特效是通过置换或者提高像素和通过查找并增加图像的对比度，在图像中产生类似于一种绘画或印象派的效果，它是完全模拟真实艺术手法进行创作的，如图 6.2.7 所示。

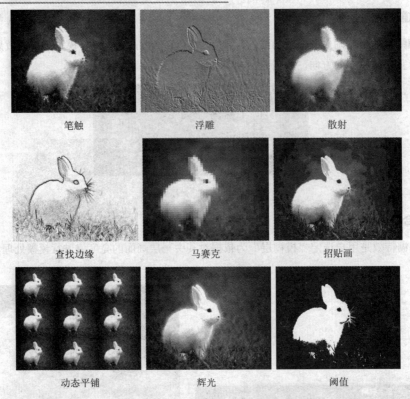

笔触　　　　　　　　浮雕　　　　　　　　散射

查找边缘　　　　　　马赛克　　　　　　　招贴画

动态平铺　　　　　　　辉光　　　　　　　　阈值

图 6.2.7　使用"风格化"特效组效果展示

（1）笔触：使图像产生一种模拟水彩画的效果，通过调整画笔的大小、笔触的密度和随机性来改变图像。

（2）浮雕：通过用黑色或者白色加亮图像中的高对比度边缘，同时用灰色填充低对比度区域完成一种模拟雕刻效果。

（3）散射：使图像产生一种类似于透过磨砂玻璃观看的一种颗粒模糊效果。

（4）查找边缘：对图像的边缘进行检测，把低对比度区域变成白色，高对比度区域变成黑色，中等对比度区域变成灰色，模拟轮廓边缘用铅笔描边的效果。

（5）马赛克：把图像按相似色彩拼贴成许多四方块并按原图像规则排列，模拟马赛克拼图的效果。

（6）招贴画：模拟一种水彩招贴画效果。

（7）动态平铺：使图像以小画面铺满整个屏幕，利用调整其相位来改变画面的运动。

（8）辉光：使图像照亮边缘达到一种光芒漫射的效果，根据用户的需要可以调整辉光的颜色、强度和发光半径等。

（9）阈值：可以将图像转换为高对比度的黑白图像。

（10）材质纹理：将其他的图像纹理置换到当前图像，产生类似于浮雕叠加图像的一种特效。

材质纹理特效处理图像的具体操作步骤如下：

（1）导入"石头"素材并添加到合成时间线，单击菜单添加"效果"→"风格化"→"材质纹理"特效，如图 6.2.8 所示。

（2）在特效控制面板里选择"材质纹理"特效，单击"材质层"的下拉列表选择"小兔*jpg"图层，适当调整材质对比度的数值，如图 6.2.9 所示。

图 6.2.8　导入石头素材并添加材质纹理特效

（3）使用"材质纹理"特效，最终效果如图 6.2.10 所示。

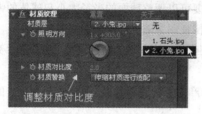 

图 6.2.9　选择"材质层"并调整材质对比度　　　图 6.2.10　使用"材质纹理"特效的最终效果

6.2.3　扭曲

扭曲特效是图像处理中使用最为频繁的一组特效，该滤镜组可以对图像进行拉伸、弯曲、镜像、偏移等变形处理。这组特效在实际应用中变化无穷，在这里的例图只是展现了"扭曲"特效组中最为常用的几种特效，如图 6.2.11 所示。

图 6.2.11　使用"扭曲"特效组效果展示

（1）贝塞尔弯曲：在图像的边界处通过调整贝塞尔曲线改变图像。

（2）边角固定：根据图像的四个顶角的位置变形整个图像，使图像达到一种透视效果。

（3）波纹：使图像产生以圆心向四周逐渐扩散的水波涟漪变形的特殊效果。

（4）波纹弯曲：使图像能够以不同的波长产生不同形状的波动效果。

（5）放大：使图像的指定区域达到一种放大镜效果，根据需要可以调整放大的数值、放大的区域等。

（6）光学补偿：使图像产生一种模拟摄像机透镜变形的效果。

（7）膨胀：使图像的指定区域产生凸透镜的效果，通过调整凸透数值来调整凸透的高度。

（8）球面化：使图像产生球面效果，根据需要可以调整球面的半径大小和球体的中心点。

（9）弯曲：在指定的弯曲样式下设定参数范围使图像随机产生弯曲变形效果。

（10）网格弯曲：使用画面上的网格来控制图像的变形区域，通过调整"行"和"列"的数值可以增加或减少网格的密度。

（11）旋转：将图像围绕指定点旋转，使图像产生一种旋涡效果。将"旋转角度"的数值设置为负值时为逆向旋转。

提示： 使用"扭曲"特效组不但可以对图像进行各种各样的变形处理，还可以对文字进行各种变形，如图 6.2.12 所示。

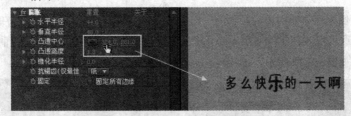

图 6.2.12　使用"膨胀"特效制作文字动画

注意： 使用液化特效可以快速地将图像进行扭转、镜像、膨胀和挤压等，使用膨胀工具　在图像上涂抹，如图 6.2.13 所示。

图 6.2.13　使用"液化"特效

6.2.4　生成

生成特效是在图像中创建镜头光晕、棋盘格、高级闪电和蜂巢图案等效果，如图 6.2.14 所示。

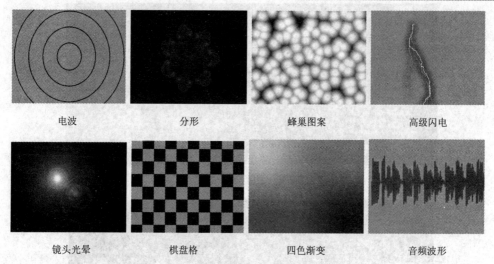

| 电波 | 分形 | 蜂巢图案 | 高级闪电 |

| 镜头光晕 | 棋盘格 | 四色渐变 | 音频波形 |

图 6.2.14　使用"生成"特效组效果展示

（1）电波：由中心向四周不断发射无线电波的波纹，在"波形类型"选项里可以选择无线电波的形状。

（2）分形：使图像产生一种模拟万花筒的纹理图像。

（3）蜂巢图案：使图像产生一种模拟类似于细胞、蜂巢、晶格等形状的单元图案。

（4）高级闪电：模拟自然界的闪电效果。

（5）镜头光晕：使图像产生不同的摄像机镜头的光晕或者太阳光效果。

（6）棋盘格：使图像产生棋盘图案，通过设定"宽"的数值可以改变棋盘格的大小。

（7）四色渐变：该特效主要用于制作背景图像，可以自定义四种颜色的变化和位置。

（8）描边：沿着指定的路径产生描边效果。

（9）音频波形：将指定的音频通过置换到当前图像，将音频波形以图像化显示。

注意：在使用"描边"和"涂鸦"特效时必须先要绘制 MASK 遮罩，如图 6.2.15 所示。在使用"音频波形"和"音频频谱"特效时，必须在"音频层"选择音频图层，如图 6.2.16 所示。

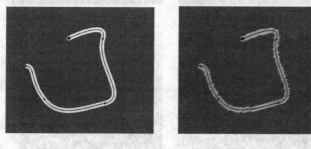

| 使用描边特效 | 使用涂鸦特效 |

图 6.2.15　使用描边和涂鸦特效

提示：利用"CC 扫光"特效可以制作一个光线从左向右划过的扫光文字，如图 6.2.17 所示。

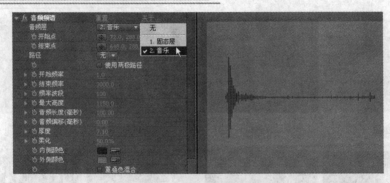

图 6.2.16　使用音频频谱特效

图 6.2.17　使用"CC 扫光"特效制作扫光文字

6.2.5　模拟仿真

模拟仿真特效可以真实地模拟自然界中的下雨、下雪、碎片和气泡等现象，如图 6.2.18 所示。

下雨　　　　　　　　　　　　　　下雪

碎片　　　　　　　　　　　　　　气泡

图 6.2.18　使用"模拟仿真"特效组效果展示

利用"碎片"特效制作一段"拼图"动画，具体操作步骤如下：

（1）创建一个"拼图"合成并导入"马"素材到合成时间线，单击菜单添加"效果"→"模拟仿真"→"碎片"特效，如图 6.2.19 所示。

图 6.2.19 导入素材并添加碎片特效

（2）在特效控制面板选择"碎片"特效，单击"查看"模式下拉列表并选择"渲染"选项，如图 6.2.20 所示。

图 6.2.20 选择"渲染"查看模式

（3）单击"图案"后面的下拉图标■，在下拉列表里选择"拼图"选项，如图 6.2.21 所示。

图 6.2.21 选择"拼图"选项

（4）在特效控制面板里调整"碎片"特效的"外形""焦点 1"和"物理"的数值，详细设置如图 6.2.22 所示。

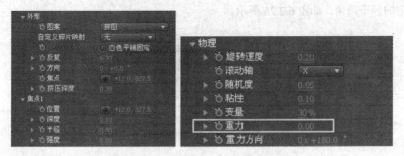

图 6.2.22 调整"碎片"特效的参数

（5）新建一个"参考图层"合成，创建固态层单击菜单添加"效果"→"生成"→"渐变"特效，设置"渐变"为颜色由黑色到白色的线性渐变，如图 6.2.23 所示。

图 6.2.23   设置"渐变"参考图层

（6）将"参考图层"合成添加到"拼图"合成时间线并且隐藏参考层的显示，在特效面板"碎片"特效的"倾斜图层"里选择"参考图层"选项，在时间线 0～3 秒处设置"碎片界限值"动画，如图 6.2.24 所示。

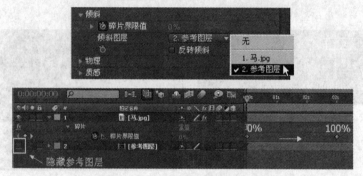

图 6.2.24   设置"碎片界限值"动画

（7）选择"马"和"参考图层"图层并按"Ctrl+Shift+C"组合键，将新建合成命名为"拼图最终"，如图 6.2.25 所示。

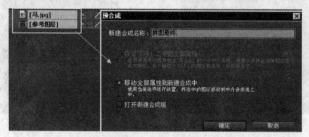

图 6.2.25   "预合成"对话框

（8）导入"相框"素材并添加到合成时间线，选择"拼图最终"图层添加"边角固定"特效，调整边角固定的四个顶角，如图 6.2.26 所示。

图 6.2.26   "预合成"对话框

（9）单击"拼图最终"图层并按"Ctrl+Shift+R"组合键，将"拼图最终"图层时间倒放，如图 6.2.27 所示。

图 6.2.27　将"拼图最终"图层时间倒放设置

（10）单击"拼图最终"图层并单击菜单添加"效果"→"透视"→"阴影"特效，设置阴影的"距离"和"柔化"参数，如图 6.2.28 所示。

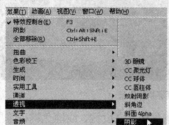

图 6.2.28　添加并设置"阴影"特效

（11）"拼图动画"最终效果如图 6.2.29 所示。

图 6.2.29　"拼图动画"最终效果

6.2.6　键控

键控特效实质上就是蓝绿屏抠像技术，在影视制作领域已被广泛采用。从原理上讲，很多影视作品采用的都是将摄影棚中所拍摄的内容，以提取颜色通道的方式把单色背景去掉并叠加在其他素材上的影像合成技术。

在摄影棚中拍摄时经常往演员或者拍摄物背后放一块蓝布，最常用的是蓝色背景和绿色背景两种，在后期制作中抠除单色背景后叠加在其他图像上，例如影视剧中空中武打戏画面的合成，如图6.2.30 所示。

蓝屏拍摄　　　　　　　　　　　　　　　合成画面

图 6.2.30　"蓝屏抠像"技术原理展示

蓝屏抠像技术在影视领域中应用非常广泛，经常用于虚拟背景的合成画面和电视台虚拟演播室等，如图 6.2.31 所示。

图 6.2.31　"蓝屏抠像"展示

在 After Effects 软件的"键控"特效组里包括颜色键、亮度键、线性色键、差异蒙板、色彩范围、抽取和溢出抑制等抠像工具。

（1）颜色键：主要针对抠除单一背景颜色。使用"键颜色"吸管在图像中吸取要抠除的颜色，适当调整颜色的色彩宽度和边缘羽化数值，如图 6.2.32 所示。

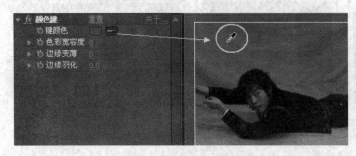

利用吸管选择要抠除的背景颜色　　　　　　　　　　调整"色彩宽度"数值

图 6.2.32　应用"颜色键"特效

（2）亮度键：针对于明暗反差很大的图像，根据图像的明暗程度在"键类型"选项里选择相对应的选项，如图 6.2.33 所示。

图 6.2.33　选择"亮度键"的键类型选项

（3）线性色键：线性色键在抠除图像时可以包含半透明区域，根据用户选定匹配 RGB、色调、色度等信息与指定的"键色"进行比较产生透明区域，如图 6.2.34 所示。

（4）差异蒙板：通过比较两层的画面，抠除相对应的位置和颜色。

（5）色彩范围：根据指定的颜色范围产生透明，通过单击"色彩空间"选择 Lab、YUV 和 RGB 等信息抠除图像，可以抠除烟雾、水、玻璃、婚纱等半透明图像，如图 6.2.35 所示。

图 6.2.34 应用"线性色键"前后效果对比

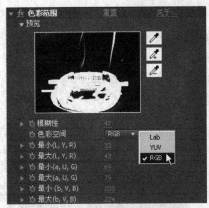

图 6.2.35 应用"色彩范围"特效

（6）抽取：根据图像指定的一个亮度范围产生透明，如图 6.2.36 所示。

（7）溢出抑制：可以去除键控后图像边缘遗留的颜色痕迹，如图 6.2.37 所示。

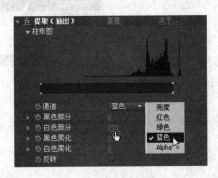

图 6.2.36 应用"抽取"特效　　　　图 6.2.37 应用"溢出抑制"特效前后对比

6.2.7 视频的动态跟踪技术

在 After Effects 软件中使用视频动态跟踪技术，实质上就是利用跟踪物体在动态的图像上对某一特征点进行跟踪，软件应用以后自动生成跟踪运动关键帧动画，这样跟踪物体就会产生贴在被跟踪的动态图像上一起运动的效果。

视频动态跟踪技术在影视制作中应用非常广泛，有些镜头在拍摄中很难达到，但利用视频跟踪技术都可以轻易地完成。在此利用制作一段"着火的汽车"为例来详细介绍视频动态跟踪技术，具体操作步骤如下：

（1）导入"运动的汽车"和"火焰"两段素材，并添加到合成时间线，如图6.2.38所示。

运动的汽车　　　　　　　　　　　　　　火焰

图6.2.38　导入素材

（2）将"火焰"素材放在"运动的汽车"上面图层，并调整"火焰"素材的比例大小和位置，如图6.2.39所示。

（3）单击菜单执行"动画"→"动态跟踪"命令，或者选择"运动的汽车"素材单击鼠标右键，在右键菜单中选择"动态跟踪"选项，如图6.2.40所示。

图6.2.39　调整"火焰"素材

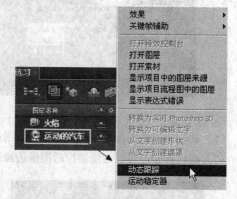

图6.2.40　添加动态跟踪

（4）在"跟踪"设置面板单击"运动来源"，选择"运动的汽车"选项，单击 设置目标... 按钮，在弹出的"运动目标"面板中选择"火焰"图层，如图6.2.41所示。

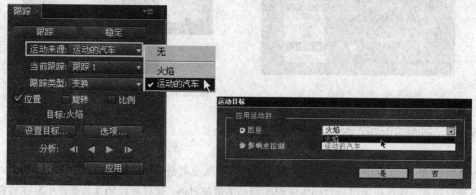

图6.2.41　选择"运动来源"和"运动目标"

（5）单击 选项... 按钮，在弹出的"动态跟踪选项"选项卡设置跟踪的通道、跟踪区域和匹配前处理等选项，如图6.2.42所示。

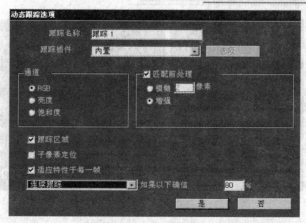

图 6.2.42 设置动态跟踪选项

（6）在合成视图上调整跟踪点的跟踪对象和跟踪区域，如图 6.2.43 所示。

图 6.2.43 调整跟踪对象和跟踪区域

（7）在"跟踪"设置面板上单击向前分析按钮 ▶ 分析跟踪动画，如图 6.2.44 所示。

图 6.2.44 分析跟踪动画

提示： 在"跟踪"设置面板上单击 重置 按钮可以重置动态跟踪动画，单击向前分析 1 帧 ▶ 按钮可以逐帧分析跟踪动画，如图 6.2.45 所示。

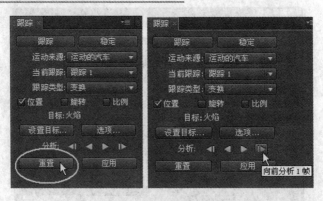

图 6.2.45 "动态跟踪"设置面板

（8）在"跟踪"设置面板单击 应用 按钮，在合成时间线自动生成跟踪动画关键帧，如图 6.2.46 所示。

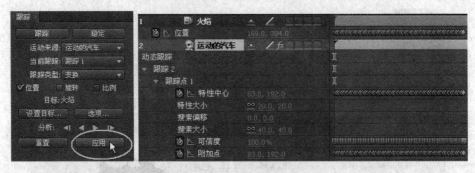

图 6.2.46 应用跟踪动画

（9）预览最终跟踪动画效果，"火焰"被跟踪到了公交车上，公交车从远处驶近车头一直在"着火"，效果如图 6.2.47 所示。

远处效果　　　　　　　　　　近处效果

图 6.2.47 动态跟踪最终效果

6.3　课堂实战——制作"水墨画"效果

本例利用前面所学的色彩校正等知识制作"水墨画"效果，主要用到视频色彩校正和模糊等特效的综合应用，最终效果如图 6.3.1 所示。

图 6.3.1 最终效果图

操作步骤

（1）新建一组合成命名为"水墨画"，导入"荷花"素材并添加到合成时间线，如图 6.3.2 所示。

（2）选择"荷花"素材并按"Ctrl+D"组合键复制图层，如图 6.3.3 所示。

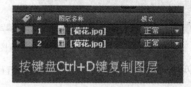

图 6.3.2 导入素材　　　　　　　　　　图 6.3.3 复制图层

（3）选择上面的"荷花"图层，单击菜单添加"效果"→"风格化" →"查找边缘"特效，如图 6.3.4 所示。

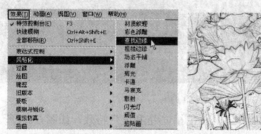

图 6.3.4 添加"查找边缘"特效

（4）给"荷花"素材再次添加"色相位/饱和度"特效，调整"主饱和度"去色，添加"曲线"特效降低画面的亮度，如图 6.3.5 所示。

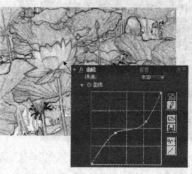

图 6.3.5 调整"色相位/饱和度"并添加"曲线"特效

（5）选择下层"荷花"素材添加"算术"和"快速模糊"特效，参数设置及效果如图 6.3.6 所示。

图 6.3.6　调整"算术"和"快速模糊"特效

（6）将两个"荷花"图层的图层混合模式设置为"叠加"，如图 6.3.7 所示。

图 6.3.7　设置图层的叠加模式

（7）选择两个"荷花"图层并按"Ctrl+Shift+C"组合键，将新建的合成命名为"荷花"，如图 6.3.8 所示。

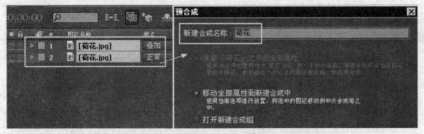

图 6.3.8　将两个图层"预合成"

（8）选择"荷花"合成添加"曲线"及"色相位/饱和度"特效，如图 6.3.9 所示。

图 6.3.9　调整"曲线"及"色相位/饱和度"特效

（9）最后再利用"液化"特效在荷叶上涂抹，如图 6.3.10 所示。

图 6.3.10　应用 "液化" 特效

（10）查看 "水墨画" 最终效果对比如图 6.3.1 所示。

本 章 小 结

本章主要介绍了 After Effects CS4 软件常用几组特效的使用方法和技巧，包括视频的色彩校正、视频的模糊与锐化、扭曲、风格化以及键控和视频跟踪等技术的具体应用。通过几个课堂小实例 "单色保留" "拼图动画" "着火的汽车" 和 "水墨画" 的制作对所学的知识进行复习和巩固。通过对本章的学习，要求读者完全掌握常用特效的使用方法和技巧，能够合理地运用各种视频特效创作出更精美的视频作品。

操 作 练 习

一、填空题

1. 利用亮度和对比度特效可以对图像色调的_____和_____范围进行调整，也是视频颜色_____的基本的校色方式。

2. 通过色阶特效可以对图像的_____、_____和_____进行调整。

3. 曲线特效实质上和_____基本相同，都是用来调整图像的_____，但是曲线特效可以对图像的_____进行调整。

4. 曲线图上分别有_____轴向和_____轴向，它们之间可以通过调节对角线来控制，用鼠标在曲线上单击可以增加节点，通过调整节点改变_____来调整图像。

5. 将曲线右上角的控制点向左移动，_____图像亮部的对比度并使图像变亮；将曲线左下角的控制点向右移动，增加图像_____的对比度并使图像变暗。

6. 在 "色彩平衡" 特效中根据图像来选择更改色调范围，从整体上分为_____、_____和_____三种色调，勾选 "保持亮度" 选项可以保持_____范围。

7. 风格化特效是通过_____和通过查找并增加_____，在图像中产生类似于一种绘画或印象派的效果，它是完全模拟真实艺术手法进行创作的。

8. 蓝屏抠像技术在影视领域中应用非常广泛，经常用于_____的合成画面和电视台虚拟演播室等。

二、选择题

1. 转换颜色特效实质上就是从图像中选择一种颜色（　　）为用户指定的颜色范围，同时还可以替换并调整颜色的色相、饱和度和亮度。

（A）复制　　　　　（B）保留　　　　　（C）替换　　　　　（D）删除

2. 当用吸管在图像上吸取所转换的颜色以后，然后在"转换颜色"控制面板上勾选"查看校正蒙板"选项来查看选择的范围，白色区域为（　　）范围，黑色区域为未选择范围。

（A）选择　　　　　（B）排除　　　　　（C）删除　　　　　（D）以上都不对

3. 在电视上经常可以看到一些画面为了突出体现某一物体的表现形式，在图像上指定的颜色保留不变，将其他部分颜色转换为（　　）的一种艺术效果。

（A）卡通　　　　　（B）灰色　　　　　（C）彩色　　　　　（D）单色保留

4. 线性色键在抠除图像时可以包含（　　）区域，根据用户选定匹配 RGB、色调、色度等信息与指定的"键色"进行比较产生透明区域。

（A）非透明　　　　（B）半透明　　　　（C）黑色　　　　　（D）白色

5. 边角固定是根据图像的四个顶角的（　　）变形整个图像，使图像达到一种透视效果。

（A）位置　　　　　（B）距离　　　　　（C）变化

三、简答题

1. 如何转换和更改视频颜色？

2. 如何使用"分色"特效制作单色保留效果？

3. 简述"模糊与锐化"特效组中都有哪几种模糊特效？

4. 简述"键控"特效的基本原理？

四、上机操作题

1. 熟练应用"色阶""曲线""色彩平衡"和"色相位/饱和度"等视频校色特效。

2. 能够制作"拼图动画""单色保留"和"水墨画"的艺术效果。

3. 利用视频动态跟踪技术制作"着火的面包车"效果，如题图 6.1 所示。

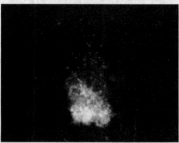

题图 6.1　制作"着火面包车"的素材

第 7 章　三维空间合成

After Effects CS4 不仅可以在二维平面上制作出各种绚丽夺目的视觉合成效果，在三维空间中同样可以制作出具有深度、立体感强、逼真的三维空间效果。通过本章的学习，读者可以掌握在 After Effects CS4 中制作三维合成的方法和技巧。

知识要点

- ⊙ 认识三维空间合成
- ⊙ 三维图层的介绍
- ⊙ 创建摄像机
- ⊙ 灯光的设置
- ⊙ 三维图层的质感属性

7.1　三维空间合成的介绍

在 After Effects CS4 软件中，可以对图层间进行三维空间的纵深位置、透视角度的调整，又可以创建灯光投射阴影、质感效果和摄像机运动效果等，如图 7.1.1 所示。

图 7.1.1　三维空间合成的效果

7.1.1　认识三维空间合成

在 After Effects CS4 软件中除了音频图层以外，所有的图层都可以实现三维图层的功能，在图层开关面板单击 3D 开关按钮 即可将一个二维图层转换为三维图层，如图 7.1.2 所示。

图 7.1.2　转换为 3D 图层

当图层转换为 3D 图层以后，在合成视图上就会出现红色、绿色和蓝色三个轴向，展开图层属性面板都多了 Z 轴向信息，另外还添加了"质感选项"属性，如图 7.1.3 所示。

图 7.1.3　展开 3D 图层属性

注意： 在合成视图上出现三个轴向箭头，红色箭头代表 X 轴向，绿色箭头代表 Y 轴向，蓝色箭头代表 Z 轴向。当控制三维对象时，在工具栏单击本地轴按钮、世界轴按钮和查看轴按钮来改变轴向坐标系，如图 7.1.4 所示。

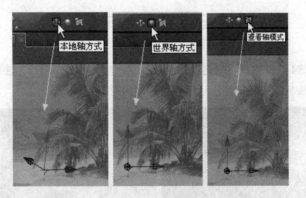

图 7.1.4　改变三维轴向

在合成视图工具栏中单击视图图标，在展开的"视图"下拉列表里根据需要选择多个视图来观察三维空间，如图 7.1.5 所示。

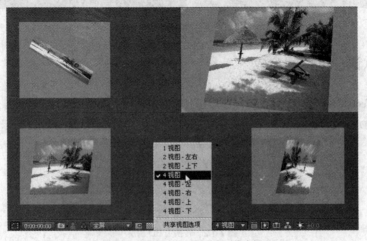

图 7.1.5　选择多个视图观察三维空间

提示：根据制作的需要可以将三维视图设定"视图—左右"的两个视图显示方式查看三维空间，如图 7.1.6 所示。

图 7.1.6 选择"左右"视图查看三维空间

在合成视图单击选择"左上方的视图"，然后在工具栏单击 有效摄像机 图标选择"顶"视图，将选定的视图设置为"顶"视图，如图 7.1.7 所示。

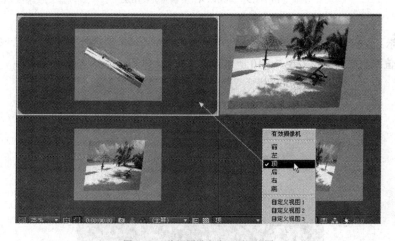

图 7.1.7 将视图设定为"顶"视图

注意：依据在三维中创作的习惯，可以将四个视图依次设置为顶视图、前视图、左视图和像机视图，如图 7.1.8 所示。

图 7.1.8 设定三维视图

7.1.2　操作三维图层

在 After Effects CS4 软件中的图层开关面板单击 3D 开关按钮![3D]以后，可以将选定的图层分别以 X、Y 轴向旋转，如图 7.1.9 所示。

图 7.1.9　分别以 X、Y 轴向旋转图层

提示：在三维图层里，不但可以利用"旋转"方式对图层进行旋转，还可以利用调整图层的"方向"数值来旋转图层，如图 7.1.10 所示。

图 7.1.10　调整"方向"数值

在三维图层里分别调整"位置"属性的三个轴向位移，如图 7.11 所示。

调整 X 轴向位移　　　　　　　调整 Y 轴向位移　　　　　　　调整 Z 轴向位移

图 7.1.11　分别以 X、Y、Z 轴向调整图层的位移

提示：将鼠标放在红色、绿色和蓝色箭头处时，系统会自动提示该轴向的信息；在轴向箭头处单击鼠标拖动，图层会自动沿着该轴向位移，如图 7.1.12 所示。

图层沿着 X 轴向位移　　　　　图层沿着 Y 轴向位移　　　　　图层沿着 Z 轴向位移

图 7.1.12　利用鼠标在视图上移动图层

7.1.3　创建摄像机

在 After Effects CS4 软件中经常需要利用一个或者多个摄像机来查看三维空间合成的场景，在合成空间中可以任意移动、旋转和平移摄像机来观看合成效果。单击菜单执行"图层"→"新建"→"摄像机"命令，或者按"Ctrl+Alt+Shift+C"组合键新建摄像机，如图 7.1.13 所示。

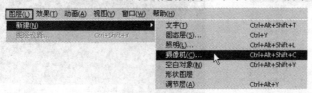

图 7.1.13　创建摄像机图层

在弹出的"摄像机设置"对话框里设置摄像机的名称、变焦、胶片尺寸、视角和景深等参数，如图 7.1.14 所示。

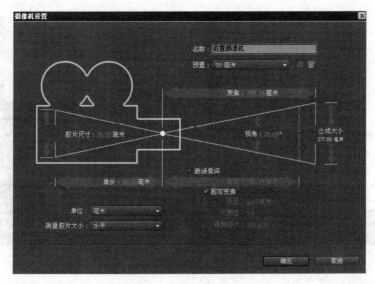

图 7.1.14　"摄像机设置"对话框

（1）名称：摄像机的名称，用户可以自定义摄像机的名称。

（2）变焦：摄像机镜头到合成图像间的距离。

（3）视角：设定摄像机所能拍摄的画面范围。

（4）激活景深：打开摄像机的景深功能，使摄像机产生镜头聚焦的效果。

（5）焦长：胶片到镜头两点之间的距离。

（6）孔径：镜头光圈大小的调节参数。

（7）光圈值：焦点长度和光圈大小的比率。

（8）模糊层次：控制图像景深功能时的模糊级别。

（9）胶片尺寸：胶片曝光区域的大小，和合成图像的大小尺寸相关联。

（10）单位：设置相机各参数时所使用的单位。

（11）测量胶片大小：设置胶片尺寸的基准方向，分为水平、垂直和对角三种方式。

提示：在"摄像机设置"对话框的"预置"里，摄像机自带了 9 种常见的摄像机镜头，包括 35mm 标准镜头、200mm 鱼眼长焦镜头和 15mm 广角镜头等，如图 7.1.15 所示。

注意：当图层为 2D 图层时，创建摄像机软件会自动弹出"警告"对话框，因为摄像机和灯光不能够对 2D 图层产生效果，如图 7.1.16 所示。

图 7.1.15　选择"摄像机预置"选项　　　　图 7.1.16　"警告"对话框

在摄像机图层的"变换"属性里可以根据需要调整目标兴趣点和摄像机的位置，如图 7.1.16 所示。

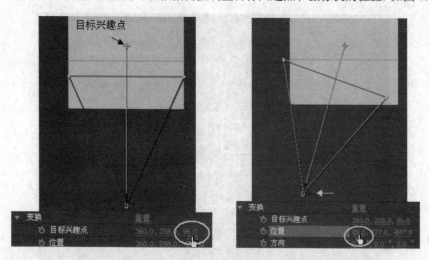

图 7.1.16　"变换"属性

在摄像机层的"变换"属性里可以分别调整 X 轴、Y 轴和 Z 轴的数值旋转摄像机，如图 7.1.17

所示。

图 7.1.17 设置摄像机的 Y 轴向旋转数值

在工具栏单击旋转摄像机工具按钮，选择轨道摄像机工具、XY 轴轨道摄像机工具和 Z 轴轨道摄像机工具在摄像机视图上单击鼠标左键拖动，可以根据用户需要自由旋转、平移和缩放摄像机，如图 7.1.18 所示。

旋转摄像机工具组

使用轨道摄像机工具

使用 XY 轴摄像机工具

使用 Z 轴摄像机工具

图 7.1.18 应用"旋转摄像机"工具组

提示：按 C 键可以在 Unified Camera Tool（自由摄像机工具）、轨道摄像机工具、XY 轴轨道摄像机工具和 Z 轴轨道摄像机工具之间相互切换。当选择自由摄像机工具时，在摄像机视图上单击鼠标左键可以切换为轨道摄像机工具，单击鼠标中键可以切换为 XY 轴轨道摄像机工具，单击鼠标右键可以切换为 Z 轴轨道摄像机工具。

7.1.4　照明的设置

在 After Effects CS4 软件中可以通过创建照明来照亮三维合成中的物体的作用。单击菜单执行"图层"→"新建"→"照明"命令，或者按"Ctrl+Alt+Shift+L"组合键新建摄像机，如图 7.1.19 所示。

图 7.1.19　创建照明图层

在弹出的"照明设置"对话框里设置灯光的名称、照明类型、强度、圆锥角、颜色和投射阴影等参数，如图 7.1.20 所示。

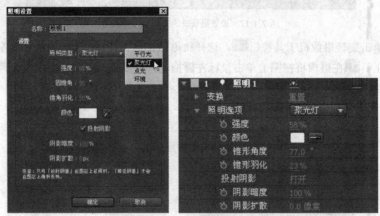

图 7.1.20　照明图层的参数设置

（1）名称：照明层的名称，用户可以自定义照明图层的名称。

（2）照明类型：设置照明的类型，包括平行光、聚光灯、点光和环境四种类型。

（3）强度：照明的光照强度，值越高光照越强，如图 7.1.21 所示。

（4）圆锥角：设置聚光灯的光锥夹角，即聚光灯的照射范围，相当于聚光灯的灯罩，如图 7.1.22 所示。

图 7.1.21　设置照明的强度

图 7.1.22　设置照明的照射范围

（5）锥角羽化：设置聚光灯的照射区域和非照射区域的边缘柔和度，设置值越大，边缘越柔和。

（6）颜色：设置照明的颜色，点击色块可以在颜色框里选择所需颜色。

（7）投射阴影：是否让照射物体产生投射阴影。

（8）阴影暗度：设置阴影颜色的暗度值。

（9）阴影扩散：可以设置阴影边缘的扩散程度，值越高，边缘越柔和。

注意：在照明层打开"投射阴影"时，一定要打开被照射图层的"投射阴影"选项，以及打开接受阴影图层的"接受阴影"选项，如图 7.1.23 所示。

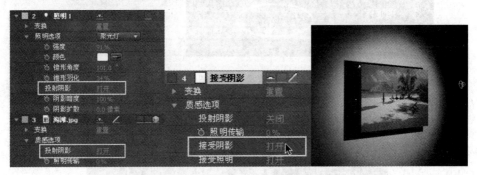

图 7.1.23　　打开图层的投射阴影

7.1.5　三维图层的质感属性

三维图层的质感属性功能可以对三维图层的投射阴影、接受照明、光泽和质感等属性进行设置，使合成场景更加地逼真和完美。下面通过搭建一个简易的三维合成场景来具体介绍一下三维图层的质感属性，具体操作方法如下：

（1）创建一个名为"三维合成的简易搭建"的合成，导入"木板"和"墙面"图片添加到合成时间线，在图层开关面板单击 3D 图层开关按钮 ⬚，如图 7.1.24 所示。

（2）在图层面板空白处单击鼠标右键新建"摄像机"图层，如图 7.1.25 所示。

图 7.1.24　打开图层的 3D 开关

图 7.1.25　新建摄像机图层

（3）单击 1 视图 ▾ 图标在下拉列表选择"2 视图—左右"选项，将左面的视图设置为"顶"视图，右面的视图设置为"摄像机"视图，如图 7.1.26 所示。

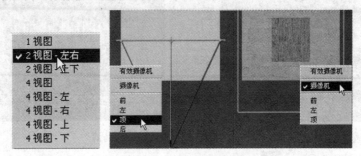

图 7.1.26　设置三维合成的视图显示方式

（4）设置"木板"图层的"比例"数值，并以 X 轴向旋转 90°，如图 7.1.27 所示。

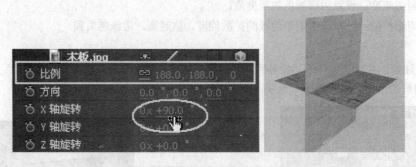

图 7.1.27　设置"木板"图层的属性

（5）复制"墙面"图层，并将"墙面"图层以 Y 轴向旋转 90°，如图 7.1.28 所示。

图 7.1.28　复制并设置"墙面"图层

（6）在"摄像机"视图上利用鼠标调整"墙面"和"木板"的位置，如图 7.1.29 所示。

图 7.1.29　利用鼠标调整"墙面"和"木板"的位置

提示：在调整"墙面"和"木板"图层时，可以在"前"视图和"顶"视图中调整它们的精确位置，如图 7.1.30 所示。

图 7.1.30　设置三维合成的视图显示方式

（7）单击自由摄像机工具，在摄像机视图上利用单击鼠标左键、中键和右键对摄像机视图进行适当调整，如图 7.1.31 所示。

图 7.1.31 调整摄像机视图

（8）添加"苹果"素材到三维合成中，在"顶"视图和"摄像机"视图适当调整其位置和比例大小等，如图 7.1.32 所示。

图 7.1.32 调整"苹果"素材

（9）在时间线面板空白处单击鼠标右键菜单"新建"→"照明"，在弹出的"照明设置"对话框里设置照明类型为"聚光灯"，如图 7.1.33 所示。

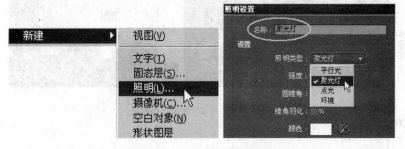

图 7.1.33 创建并设置照明类型

（10）在"摄像机"视图和"顶"视图中调整聚光灯的位置，如图 7.1.34 所示。

图 7.1.34 调整聚光灯的位置

（11）再次创建"照明"图层，将遮罩"照明类型"设置为"环境"，并将"强度"值设置为 50%，如图 7.1.35 所示。

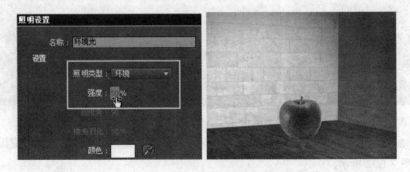

图 7.1.35　创建"环境"照明

（12）打开"照明"图层和"苹果"图层的"投射阴影"选项，然后打开"墙面"和"木板"图层的"接受阴影"选项，如图 7.1.36 所示。

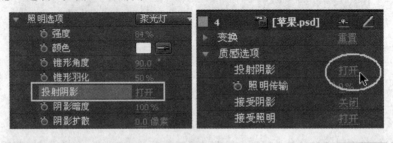

图 7.1.36　设置"苹果"的阴影

注意：三维图层质感选项的"投射阴影"开关分为打开、关闭和只有阴影三项，如图 7.1.37 所示。

图 7.1.37　投射阴影的开关

（13）调整"聚光灯"图层的"投影暗度"和"阴影扩散"数值让苹果的阴影更加真实，如图7.1.38 所示。

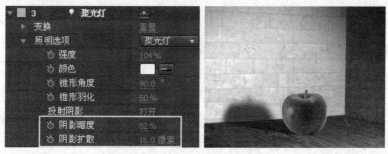

图 7.1.38 设置阴影暗度和扩散

提示： 在三维图层质感选项里调整"照明传输"的数值，可以将"苹果"素材以光投射到"墙面"，如图 7.1.39 所示。

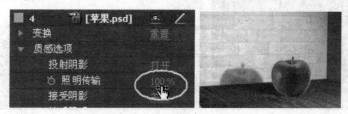

图 7.1.39 设置"照明传输"

7.2 课堂实战——制作"美好童年"片头

本例利用前面所学的三维空间合成等知识制作"美好童年"片头，主要目的是让初学者熟练掌握三维场景的搭建以及摄像机动画的使用技巧。最终效果如图 7.2.1 所示。

图 7.2.1 最终效果图

操作步骤

（1）新建一组合成命名为"场景"，添加"高楼"素材并到合成时间线，顺着高楼的边缘绘制遮罩，如图 7.2.2 所示。

（2）导入"树林"和"草地"素材添加到合成时间线，如图 7.2.3 所示。

图 7.2.2 最终效果图

图 7.2.3 添加"树林"和"草地"素材

（3）单击菜单"图层"→"新建"→"摄像机"，或者按"Ctrl+Alt+Shift+C"组合键新建摄像机，将当前时间指示器移至合成时间线 15 帧处，单击目标兴趣点和位置前面的设置动画关键帧按钮，可以在"顶"视图观察摄像机的位置，如图 7.2.4 所示。

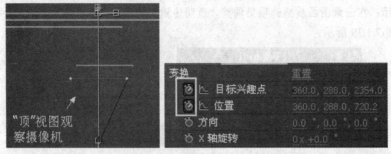

图 7.2.4 设置摄像机的目标兴趣点和位置

（4）导入"照片 1"素材，在项目面板将"照片 1"素材拖放到新建合成图标上创建新合成，设置名称为"人物 1"，如图 7.2.5 所示。

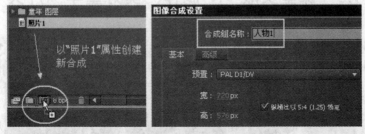

图 7.2.5 创建和设置"人物 1"合成

（5）在"人物 1"合成上利用钢笔工具在人物边缘绘制遮罩，完整地抠出照片中的人物并适当调整遮罩的边缘"羽化"数值，如图 7.2.6 所示。

图 7.2.6 绘制"人物"遮罩

（6）在项目面板添加"人物 1"合成到"场景"合成中，通过设置"人物 1"图层的位置和比例的数值来调整在"场景"中的适当位置，如图 7.2.7 所示。

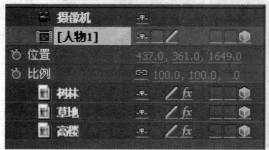

图 7.2.7　调整"人物 1"在场景中的位置

（7）导入"照片 2"素材，同样以"照片 2"属性创建"人物 2"合成，，利用钢笔工具在照片中抠出完整的人物，将小女孩头发处的"遮罩 2"区域减去，如图 7.2.8 所示。

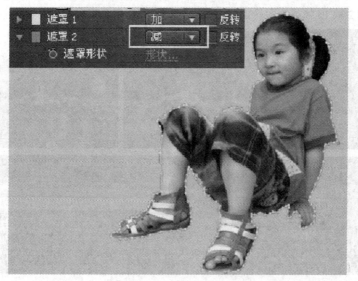

图 7.2.8　绘制"人物"遮罩

（8）导入"照片 3""照片 4"和"照片 5"素材，利用同样的方法抠出照片中的人物，如图 7.2.9 所示。

图 7.2.9　绘制"人物"遮罩

（9）将当前时间指示器移至 1 秒 15 帧处，添加"人物 2"合成到场景，并调整在场景中的适当位置，如图 7.2.10 所示。

图 7.2.10　调整"人物 2"在场景中的位置

（10）按"Ctrl+C"组合键复制目标兴趣点和位置的关键帧，将当前时间指示器移至 2 秒 15 帧处按"Ctrl+V"组合键粘贴到此处。让摄像机从 15 帧处到 1 秒 15 帧处形成一个"拉镜头"画面效果，从 1 秒 15 帧处到 2 秒 15 帧处画面静止，可以配合"顶"视图来观察摄像机的运动，如图 7.2.11 所示。

图 7.2.11　设置摄像机位移动画

（11）将当前时间指示器移至 3 秒 15 帧处，添加"人物 3"合成和"场景 2"素材。让画面从 2 秒 15 帧处再次"拉"到 3 秒 15 帧的"场景 2"中，如图 7.2.12 所示。

图 7.2.12　添加"人物 3"和"场景 2"

（12）将 3 秒 15 帧处复制摄像机"位置"的关键帧粘帖到 4 秒 10 帧处，再将当前时间指示器移至 5 秒 10 帧处以 Y 轴向旋转摄像机。让摄像机从 3 秒 15 帧处到 4 秒 10 帧处画面静止，再从 4 秒 10 帧"场景 2"的画面"平移"到 5 秒 10 帧"场景 3"画面，如图 7.2.13 所示。

图 7.2.13　设置摄像机位移动画

（13）添加"场景 3"合成和"人物 4"素材，通过设置"人物 4"图层的"位置"和"比例"数值调整人物在场景中的适当位置，如图 7.2.14 所示。

图 7.2.14　调整"人物 4"在场景中的位置

（14）添加"大树"素材放置在"场景 2"和"场景 3"中间，遮挡住两个场景之间的接缝，如图 7.2.15 所示。

图 7.2.15　利用"大树"素材遮挡两个场景间的接缝

（15）因为下一步打算让摄像机从"场景 3"画面"推"到"场景 4"画面当中，所以利用钢笔工具绘制遮罩将"场景 3"的部分背景抠除，正好让摄像机从"场景 3"抠除的部分穿过到"场景 4"。为了达到以假乱真的效果，再导入"柳树"素材并且适当调整在场景中的位置，让摄像机从"柳树"旁边穿过，如图 7.2.16 所示。

图 7.2.16　调整"人物 2"在场景中的位置

（16）将 5 秒 10 帧处复制摄像机"位置"的关键帧粘贴到 6 秒 10 帧处，再将当前时间指示器移至 7 秒 10 帧处设置旋转摄像机的位置数值。添加"场景 4"合成和"人物 5"素材，让摄像机从 5 秒 10 帧处到 6 秒 10 帧处画面静止，再从 6 秒 10 帧"场景 3"的画面"推"到 7 秒 10 帧"场景 4"画面，如图 7.2.17 所示。

图 7.2.17　调整"摄像机"的位置数值

注意：移动当前时间指示器反复检查从"场景 3"到"场景 4"整个摄像机动画，发现在"场景 3"画面中可以看到"场景 4"露出的"人物 5"的一部分，在"场景 3"中复制"柳树"素材并且缩放来遮挡"人物 5"，如图 7.2.18 所示。

图 7.2.18　在"场景 3"中遮挡"场景 4"中露出的人物

（17）在"场景 4"中添加"场景 4 背景"素材，如图 7.2.19 所示。

图 7.2.19　添加"场景 4 背景"素材

（18）将当前时间指示器移至 8 秒 05 帧处，在合成时间线面板空白处单击鼠标右键新建调节图层，选择调节图层添加"高斯模糊"效果，如图 7.2.20 所示。

（19）在合成时间线 8 秒 05 帧处设置"高斯模糊"的"模糊量"数值为 0，按"Shift+Page Down"组合键自动将当前时间指示器向后移动 10 帧，设置"高斯模糊"的"模糊量"数值为 15.9，如图 7.2.21 所示。

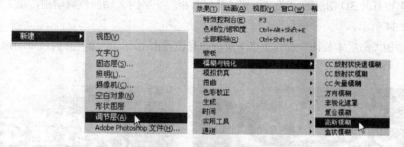

图 7.2.20 新建"调节层"并添加"高斯模糊"效果

图 7.2.21 设置调节图层的"高斯模糊"特效

（20）在工具栏单击横排文字工具 [T] 创建"美好童年"文字，并设置文字的字体、颜色和大小等，如图 7.2.22 所示。

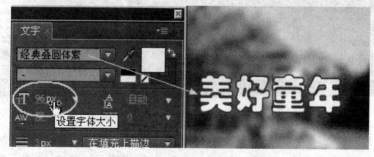

图 7.2.22 创建"美好童年"文字

（21）选择文字图层单击菜单执行"图层"→"从文字创建形状"命令，利用选择工具 [■] 调整文字的形状，如图 7.2.23 所示。

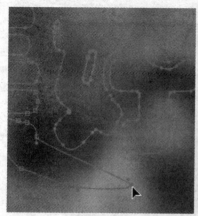

图 7.2.23 调整文字的形状

（22）单击打开 3D 图层开关，设置"美好童年"文字的 Z 轴向位置动画，让文字"砸"入画面，如图 7.2.24 所示。

（23）添加"图层 4/装饰"放置文字下层，并且设置由中间向两边展开的遮罩动画，如图 7.2.25 所示。

图 7.2.24　设置"美好童年"的文字动画　　　　图 7.2.25　设置"图层 4/装饰"的遮罩动画

（24）添加"背景花朵"到合成中设置"遮罩扩展"的动画，让"背景花朵"从中心向四周散开的效果，如图 7.2.26 所示。

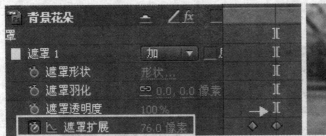

图 7.2.26　设置"背景花朵"的遮罩动画

（25）按"Home"键将当前时间指示器返回合成开始位置，创建调节图层并添加"三色调"效果，单击"中间色"后面的色块，在弹出的"中间色"面板中调整画面的整体颜色，整体的颜色要和回忆童年美好时光怀旧的风格相符，如图 7.2.27 所示。

图 7.2.27　利用调节图层调整画面的整体颜色

（26）添加"动态背景"素材到合成中，绘制遮罩并设置"遮罩羽化"数值，如图 7.2.28 所示。

图 7.2.28 调整"动态背景"的遮罩

（27）"美好童年"片头制作完成，最终效果如图 7.2.29 所示。

图 7.2.29 "美好童年"片头最终效果

本 章 小 结

本章主要介绍了 After Effects CS4 软件中三维空间合成的制作以及三维图层的使用方法、创建摄像机和照明的设置等知识。通过对本章的学习，要求读者完全掌握三维合成图层的操作方法、照明的设置和摄像机各参数的设置，能够合理地运用三维空间合成创作出更具有空间感的图像作品。

操 作 练 习

一、填空题

1. 在图层开关面板单击 3D 开关按钮 即可将_____转换为_____图层。

2．在合成视图上出现三个轴向箭头，_____箭头代表 X 轴向，_____箭头代表 Y 轴向，_____箭头代表 Z 轴向。

3．在 After Effects CS4 软件中可以对图层间进行_____的纵深位置、_____等发生变化，又能创建_____、质感效果和_____效果等，

4．单击菜单执行"图层"→"新建"→"摄像机"命令，或者按_____键新建摄像机。

5．在"摄像机设置"对话框的"预置"里，摄像机自带了_____种常见的摄像机镜头，包括_____标准镜头、_____鱼眼长焦镜头和_____广角镜头等。

二、选择题

1．在弹出的（　　）对话框里设置灯光的名称、照明类型、强度、圆锥角、颜色和投射阴影等参数。

  （A）摄像机设置   （B）特效控制

  （C）照明设置   （D）合成时间线

2．在摄像机图层的"变换"属性里可以根据需要调整（　　）和摄像机的位置。

  （A）焦距   （B）目标兴趣点

  （C）景深   （D）快门

3．设置聚光灯的照射区域和非照射区域的边缘柔和度，设置值越大，边缘越（　　）。

  （A）大   （B）小

  （C）生硬   （D）柔和

4．在照明层打开"投射阴影"时，一定要打开被照射图层的"投射阴影"选项，以及打开接受阴影图层的（　　）选项。

  （A）接受阴影   （B）投射阴影

  （C）接受照明   （D）以上答案都不对

5．三维图层的质感属性可以对三维图层的投射阴影、（　　）、光泽和质感等属性进行设置，使合成场景更加地逼真和完美。

  （A）羽化   （B）位置

  （C）接受照明

三、简答题

1．如何创建摄像机图层和照明图层？

2．照明分为哪四种类型？

3．简述软件中的三维空间合成主要有哪些作用？

四、上机操作题

1．熟练操作三维图层的变换练习、设置摄像机和照明和质感属性等。

2．能够制作"美好童年"摄像机位移动画效果。

第8章 综合应用实例

详细地学习完了 After Effects CS4 软件各项功能和应用，读者应对 After Effects CS4 软件有了更加深刻的了解和掌握。本章的应用实例制作，旨在使大家对前面所学知识进行综合练习，在每一步详细的操作中发现自己的问题，不断解决问题以达到新的知识增长，进而巩固所学的知识。

知识要点

⊙ 制作电视"节目导视"
⊙ 制作"人物变形"效果
⊙ 制作"农忙时节"片头及输出

综合实例 1 制作电视"节目导视"

 实例内容

本例综合应用前面所学的一些知识制作电视"节目导视"，最终效果如图 8.1.1 所示。

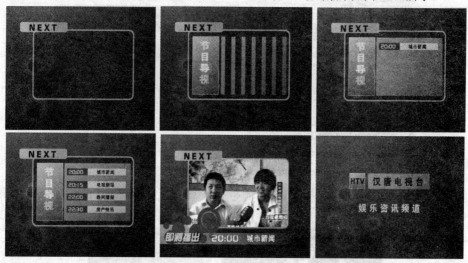

图 8.1.1 最终效果图

 **设计思想**

电视"节目导视"是各大电视台电视栏目包装的主要组成部分之一，本实例的制作主要运用了 MASK 遮罩动画和图形绘制、合成的嵌套应用以及填充、渐变、过渡等特效的应用技巧等。

操作步骤

（1）单击菜单执行"图像合成"→"新建合成组"命令，或者按"Ctrl+N"组合键新建合成组，在弹出的"图像合成设置"对话框里设置合成组名称为"背景"，合成画面宽度为 720px，高度为 576px，合成持续时间为 30 秒，如图 8.1.2 所示。

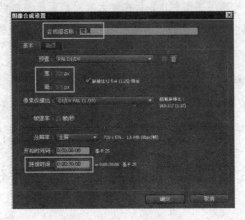

图 8.1.2 "图像合成设置"对话框

（2）按"Ctrl+Y"组合键新建"固态层"，单击菜单添加"效果"→"生成"→"渐变"特效，如图 8.1.3 所示。

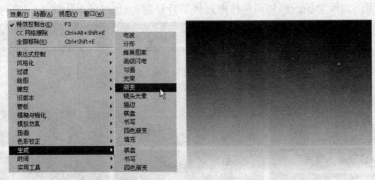

图 8.1.3 添加"渐变"特效

（3）在特效控制台面板设置"渐变"的开始和结束点位置，将渐变形状设置为"放射渐变"，如图 8.1.4 所示。

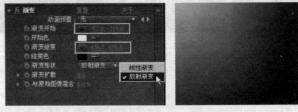

图 8.1.4 设置"渐变"特效

（4）单击"开始色"后面的色块，在弹出的"开始色"面板里设置渐变开始颜色为 R235、G204、B226；单击"结束色"后面的色块，在弹出的"结束色"面板里设置渐变结束颜色为 R78、G11、B120，如图 8.1.5 所示。

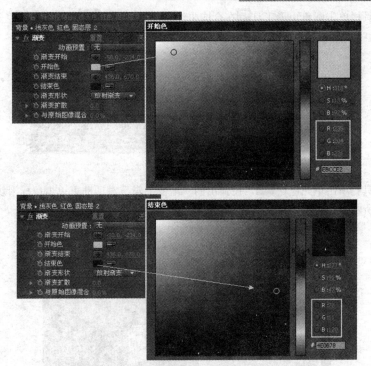

图 8.1.5 设置渐变的颜色

（5）导入并添加"花纹素材"，将"花纹"素材设置为"叠加"模式，复制"花纹"素材后在合成中调整其位置和大小比例，如图 8.1.6 所示。

图 8.1.6 设置"花纹"素材

（6）单击菜单执行"图像合成"→"新建合成组"命令新建"节目导视"合成，从项目面板添加"背景"合成到"节目导视"合成中，如图 8.1.7 所示。

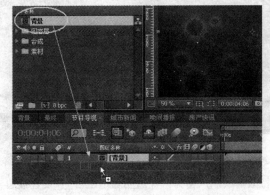

图 8.1.7 添加"背景"合成到"节目导视"合成中

（7）在工具栏单击圆角矩形工具██在合成中绘制图形，单击██按钮设置图形的"填充选项"为线性渐变，如图 8.1.8 所示。

图 8.1.8　绘制圆角矩形并设置"填充选项"

（8）在工具栏单击填充色块██，在弹出的"渐变编辑"对话框里单击色标滑块██设置渐变颜色，如图 8.1.9 所示。

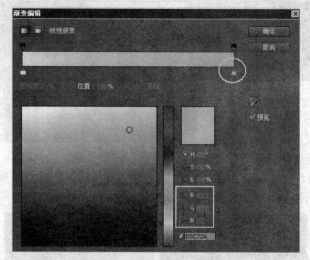

图 8.1.9　"渐变编辑"对话框

（9）在工具栏单击横排文字工具██，创建"NEXT"文字，单击文字设置按钮██，在"文字"设置面板里设置文字的属性，如图 8.1.10 所示。

（10）在合成中创建新建固态层，利用圆角矩形工具██在新固态层中绘制圆角矩形遮罩，并添加"描边"特效，如图 8.1.11 所示。

图 8.1.10　创建"NEXT"文字

图 8.1.11　添加"描边"特效

（11）设置"描边"特效的绘制风格为"在透明通道上"，并设置描边的颜色、画笔大小、笔刷硬度和透明度数值，如图 8.1.12 所示。

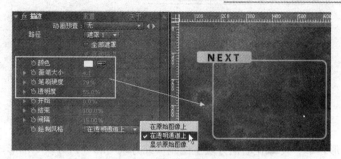

图 8.1.12　设置"描边"特效

（12）在合成中创建"方块填充"固态层，将"白色边框"图层中的遮罩复制并粘贴到"方块填充"图层，适当降低"方块填充"图层的透明度，如图 8.1.13 所示。

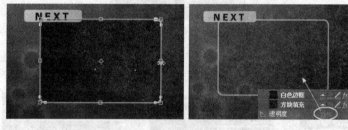

图 8.1.13　创建"方块填充"图层

（13）继续利用圆角矩形工具 在合成中绘制"左面方块"图形，同样将图形的填充设置为由黄色到红色的线性渐变，如图 8.1.14 所示。

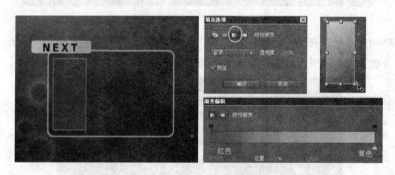

图 8.1.14　创建"左面方块"图形

（14）添加"花纹"素材并设置图层叠加模式为"柔光"，透明度为 39%，创建"节目导视"文字设置与下面图层为"叠加"模式，如图 8.1.15 所示。

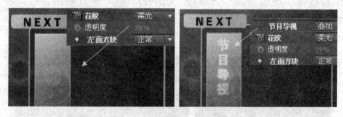

图 8.1.15　添加"花纹"和"文字"

（15）在合成中创建"右面方块"固态层，利用矩形遮罩工具 调整"右面方块"的大小，并设置为由黄色到红色的线性渐变，利用鼠标适当调整渐变的开始点和结束点位置，如图 8.1.16 所示。

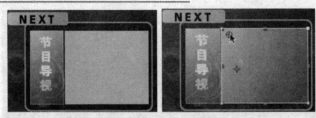

图 8.1.16　创建"右面方块"

（16）利用矩形遮罩工具 在右面方块上绘制"红方块"和"白方块"图形，如图 8.1.17 所示。

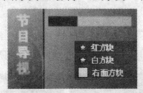

图 8.1.17　绘制"白方块"和"红方块"图形

（17）在红方块上创建"20：00"文字，在白方块上创建"城市新闻"文字，在"文字"面板上分别设置它们的属性，如图 8.1.18 所示。

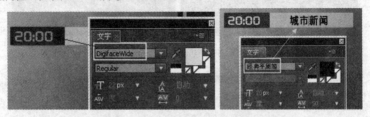

图 8.1.18　创建"文字"并设置属性

（18）在时间线面板选择城市新闻、20：00、红方块和白方块图层按"Ctrl+Shift+C"组合键，在弹出的"预合成"对话框里设置新建合成名称为"城市新闻"，如图 8.1.19 所示。

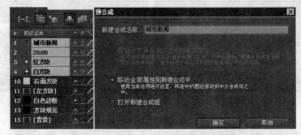

图 8.1.19　"预合成"对话框

（19）在项目面板选择"城市新闻"合成按"Ctrl+D"组合键复制该合成，将新复制的"城市新闻"合成命名为"电视剧场"，并双击鼠标左键进入"电视剧场"合成中更改文字内容，如图 8.1.20 所示。

图 8.1.20　创建"电视剧场"合成

（20）在项目面板将晚间播报、城市新闻、电视剧场和房产快讯合成添加到"节目导视"合成中，如图 8.1.21 所示。

提示： 在合成视图通过参考线可以调整各图层间在合成中的精确位置；按 "↑" 和 "↓" 方向键可以对选择图层进行向上或者向下微调，如图 8.1.22 所示。

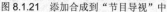

图 8.1.21　添加合成到"节目导视"中

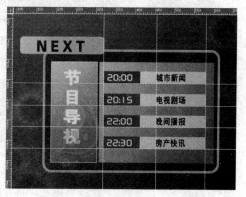

图 8.1.22　利用参考线调整各图层的位置

（21）当制作好整体画面版式后开始制作整体动画效果，保留"NEXT 小框"和"背景"图层，将其他的图层选中以后统一向后拖拽，如图 8.1.23 所示。

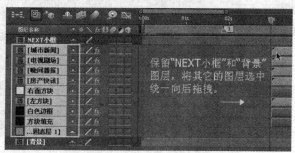

图 8.1.23　利用鼠标拖拽移动素材

（22）在合成时间线开始位置，利用矩形遮罩工具▢在"NEXT 小框"图层上绘制矩形遮罩，并设置从左向右展开的遮罩动画，如图 8.1.24 所示。

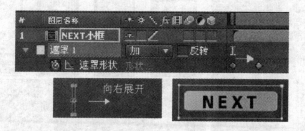

图 8.1.24　绘制遮罩并设置遮罩动画

（23）选择"白色边框"图层，按"["键单击"描边"特效"结束"属性前面的动画关键帧按钮◎，在合成时间线 10 帧处设置"结束"的数值为 0%，按"Shift+Page Down"组合键以后设置"结束"的数值为 100%，如图 8.1.25 所示。

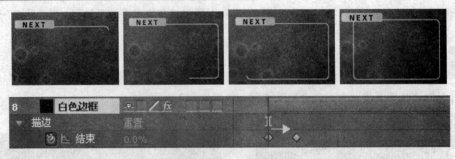

图 8.1.25 设置"描边"动画

（24）利用同样的方法设置"方块填充"图层的透明度动画，如图 8.1.26 所示。

图 8.1.26 设置透明度动画

（25）选择"节目导视""花纹"和"左面方块"图层按"Ctrl+Shift+C"组合键，在弹出的"预合成"对话框里设置新建合成名称为"左方块"，如图 8.1.27 所示。

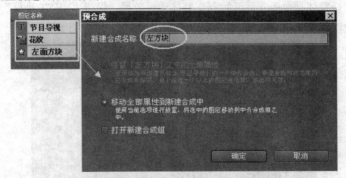

图 8.1.27 将选中图层预合成

（26）利用矩形遮罩工具 在"左方块"图层上绘制矩形遮罩，设置从上向下展开的遮罩动画，如图 8.1.28 所示。

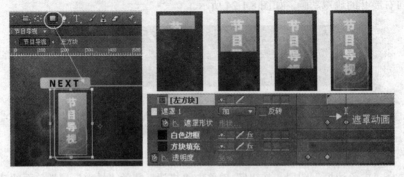

图 8.1.28 绘制遮罩并设置遮罩动画

（27）选择"右面方块"图层单击菜单添加"效果"→"过渡"→"百叶窗"特效，将"百叶窗"特效的方向设置为 180°、宽度为 49，单击变换完成量前面的动画关键帧按钮 ，如图 8.1.29 所示。

图 8.1.29 添加并设置"百叶窗"特效

（28）在合成时间线 1 秒 15 帧处设置"变换完成量"数值为 0%，按"Shift+Page Down"组合键设置"变换完成量"数值为 100%，如图 8.1.30 所示。

图 8.1.30 设置"百叶窗"过渡效果

注意：在设置"百叶窗"过渡效果时一定要注意过渡的"方向"，当"方向"数值为180°时，百叶窗整体向右过渡；当"方向"数值为 0°时，百叶窗整体向左过渡，如图 8.1.31 所示。

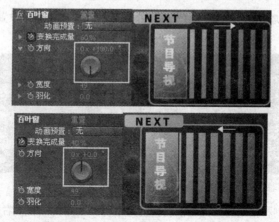

图 8.1.31 设置"百叶窗"的过渡方向

（29）将当前时间指示器移至 2 秒处，选择"城市新闻"图层按键盘"["键，单击菜单添加"效果"→"过渡"→"线性擦除"特效，如图 8.1.32 所示。

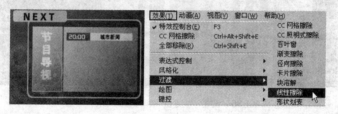

图 8.1.32 添加"线性擦除"特效

（30）利用同样的方法在合成时间线 2 秒到 2 秒 10 帧间设置"线性擦除"过渡动画，让"城市新闻"从左向右展开，如图 8.1.33 所示。

图 8.1.33　设置"线性擦除"过渡效果

提示：在合成时间线 2 秒到 2 秒 10 帧间将"完成过渡"的数值设置为从 0%～100%，让"城市新闻"从左向右展开；在 6 秒 15 帧到 7 秒间将"完成过渡"的数值设置为从 100%～0%，让"城市新闻"从右向左收回；在制作中可以选择第 2 点的动画关键帧按"Ctrl+C"组合键复制，到 6 秒 15 帧处按"Ctrl+V"组合键，将第 2 点的动画关键帧属性粘贴到第 3 点位置；同样可以将第 1 点的动画关键帧属性复制并粘贴到第 4 点位置，如图 8.1.34 所示。

图 8.1.34　复制和粘贴动画关键帧属性

（31）利用同样的方法给"电视剧场""晚间播报"和"房产快讯"设置"线性擦除"效果，如图 8.1.35 所示。

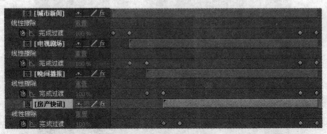

图 8.1.35　设置"线性擦除"过渡效果

（32）同样利用复制和粘贴动画关键帧属性的方法将"左方块"和"右面方块"设置为"收回"动画，如图 8.1.36 所示。

图 8.1.36　设置"左方块"和"右面方块"动画

（33）移动当前时间指示器查看第一镜头整体动画效果，如图 8.1.37 所示。

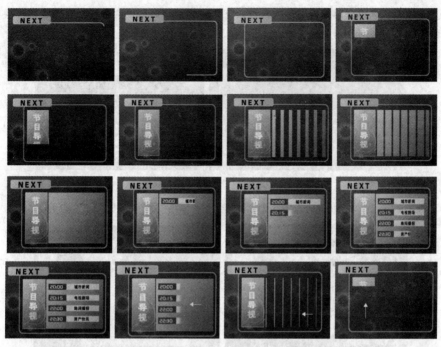

图 8.1.37 第一镜头整体动画效果预览

（34）导入"每期节目素材"添加到"节目导视"合成中，将"白色边框"图层中的圆角矩形遮罩复制并粘贴到"每期节目素材"图层，并适当调整遮罩使"每期节目素材"的图层画面和"白色边框"图层画面大小相等，如图 8.1.38 所示。、

（35）选择"方块填充"图层单击菜单添加"效果"→"过渡"→"CC 网格擦除"特效，如图 8.1.39 所示。

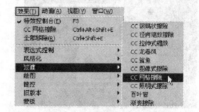

图 8.1.38 调整"每期节目素材"画面大小　　　图 8.1.39 调整"每期节目素材"画面大小

（36）设置"方块填充"图层的"CC 网格擦除"过渡动画效果，如图 8.1.40 所示。

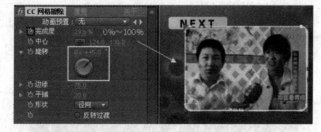

图 8.1.40 设置"CC 网格擦除"过渡效果

提示：选择"每期节目素材"图层按"Ctrl+Shift+C"组合键，在"预合成"对话框中选

择"保留「素材」之中的全部属性"选项，可以在新建的"每期节目素材"合成中随意更换栏目每期即将播出的不同素材，如图 8.1.41 所示。

图 8.1.41　随意更换"每期节目素材"

（37）利用钢笔工具和矩形遮罩工具绘制"字幕条"图形，如图 8.1.42 所示。

图 8.1.42　绘制"字幕条"图形

（38）添加"花"素材到合成中，把"花"素材复制后将两个图层"叠加"，如图 8.1.43 所示。

（39）在字幕条上输入"即将播出"和"20：00 城市新闻"文字，设置文字的字体属性，如图 8.1.44 所示。

图 8.1.43　添加"花"素材到字幕条上面　　　　　图 8.1.44　输入并设置文字

（40）将"20：00 城市新闻""即将播出""花""字幕衬条"和"白色衬条"图层预合成，新建合成为"字幕"，如图 8.1.45 所示。

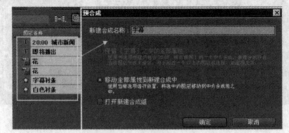

图 8.1.45　将选择图层预合成

（41）将"字幕"图层添加从左向右的"线性擦除"过渡动画效果，如图 8.1.46 所示。

图 8.1.46 设置"线性擦除"过渡动画效果

（42）设置"每期节目素材"的"CC 网格擦除"收回动画效果，详细设置如图 8.1.47 所示。

图 8.1.47 设置"CC 网格擦除"收回动画

（43）利用前面的复制并粘贴动画关键帧属性的方法，制作"字幕""白色边框"和"NEXT 小框"收回动画，如图 8.1.48 所示。

图 8.1.48 制作"收回"动画效果

（44）利用矩形遮罩工具绘制"HTV"和"汉唐电视台"图形，输入"娱乐资讯频道"文字。给"HTV"图形添加从上向下的"线性擦除"过渡效果，给"汉唐电视台"图形添加从左向右的"线性擦除"动画效果，如图 8.1.49 所示。

图 8.1.49 制作"HTV"和"汉唐电视台"线性擦除动画效果

（45）选择"娱乐资讯频道"图层添加文字"缩放"，如图 8.1.50 所示。

图 8.1.50 添加文字"缩放"

（46）设置"娱乐资讯频道"的文字缩放"比例"数值，如图 8.1.51 所示。

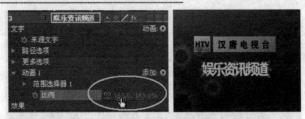

图 8.1.51　设置文字的缩放

（47）继续给"娱乐资讯频道"的文字添加"透明度"，如图 8.1.52 所示。

图 8.1.52　添加文字的"透明度"

（48）将文字的"透明度"设置为 0%，在"范围选择器 1"里设置文字的"开始"动画，如图 8.1.53 所示。

图 8.1.53　设置文字动画

（49）完成"节目导视"的整个制作，预览最终效果如图 8.1.1 所示。

综合实例 2　制作"人物变形"效果

 实例内容

本例综合利用 MASK 遮罩和"变形"等知识制作"人物变形"效果，最终效果如图 8.2.1 所示。

图 8.2.1　最终效果图

设计思想

"变形动画"经常在神话、科幻影视作品中可以看到。本实例的制作主要运用 MASK 遮罩动画、合成的嵌套应用和变形、过渡等特效的应用技巧。

 操作步骤

（1）单击菜单执行"图像合成"→"新建合成组"命令，或者按"Ctrl+N"组合键新建合成组，在弹出的"图像合成设置"对话框里设置合成组名称为"男变女"，合成画面宽度为 720px，高度为 576px，合成持续时间为 10 秒，如图 8.2.2 所示。

图 8.2.2 最终效果图

（2）导入"男孩""女孩"和"背景"素材并添加到"男变女"合成中，三段素材内容如图 8.2.3 所示。

图 8.2.3 添加到合成中的三段素材内容

注意：将"男孩"和"女孩"要变形的素材进行重叠，重叠的长度就是两段素材变形动画的时间长度。两端素材重叠的时间不要太短，太短观众容易看清从一段素材变形到另一段素材的过程，也不宜太长显得画面拖沓，一般变形动画的时间为 1 秒左右并给素材两端设置标记，如图 8.2.4 所示。

图 8.2.4　确定两段素材的变形位置和时间

（3）按大键盘"1"键，将当前时间指示器跳转至标记 1 位置，选择"男孩"图层按"Ctrl+Shift+D"组合键分割图层；按大键盘"2"键，将当前时间指示器跳转至标记 2 位置，同样选择"女孩"图层按"Ctrl+Shift+D"组合键分割图层，将"背景"图层放置在底层并按图 8.2.5 所示顺序调整图层顺序。

图 8.2.5　分割图层

（4）将当前时间指示器跳转至标记 1 位置，在"男孩"图层上单击打开单独显示图层按钮，利用钢笔工具顺着人物的边缘绘制遮罩，如图 8.2.6 所示。

图 8.2.6　单独显示"男孩"图层并绘制遮罩

（5）将"男孩"图层上刚绘制的遮罩按"Enter"键命名为"男"，单击打开"遮罩形状"动画关键帧按钮。利用工具栏的选择工具调整遮罩，配合"Page Down"组合键逐帧将遮罩紧贴着人物的边缘，如图 8.2.7 所示。

注意：设置完遮罩动画以后，用鼠标拖动当前时间指示器反复检查遮罩是否紧贴人物的边缘，如图 8.2.8 所示。

图 8.2.7　设置遮罩动画

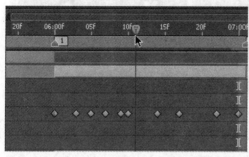

图 8.2.8　检查遮罩动画

（6）将当前时间指示器跳转至标记 1 位置，在"女孩"图层上单击打开单独显示图层按钮，同样利用钢笔工具顺着人物的边缘绘制遮罩，如图 8.2.9 所示。

图 8.2.9　单独显示"女孩"图层并绘制遮罩

（7）同样将"女孩"图层上刚绘制的遮罩命名为"女"，单击打开"遮罩形状"动画关键帧按钮。利用工具栏的选择工具调整遮罩，配合"Page Down"组合键逐帧将遮罩紧贴着人物的边缘，如图 8.2.10 所示。

（8）用鼠标拖动当前时间指示器反复检查遮罩是否紧贴人物的边缘，如图 8.2.11 所示。

图 8.2.10　设置遮罩动画

图 8.2.11　检查遮罩动画

（9）将"女孩"图层预合成，将新建合成命名为"女孩"，选择"移动全部属性到新建合成中"选项，如图 8.2.12 所示。

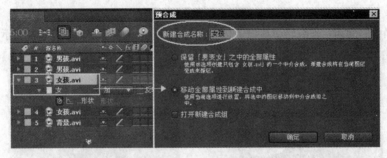

图 8.2.12　将"女孩"图层预合成

（10）将"男孩"图层预合成，将新建合成命名为"男孩"，选择"移动全部属性到新建合成中"选项，如图 8.2.13 所示。

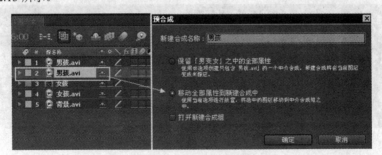

图 8.2.13　将"男孩"图层预合成

（11）将当前时间指示器跳转至标记 1 位置，选择"男孩"和"女孩"两个图层按"Alt+["组合键设置入点位置；将当前时间指示器跳转至标记 2 位置，按"Alt+]"组合键设置两个图层的出点位置，如图 8.2.14 所示。

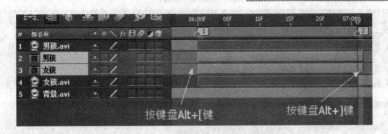

图 8.2.14　设置两个图层的入点和出点

（12）将"男孩"合成里"男孩"图层的"男"遮罩按"Ctrl+C"组合键复制，在"男变女"合成中粘贴在"男孩"合成上，如图 8.2.15 所示。

图 8.2.15　复制并粘贴遮罩

注意：将合成里图层的遮罩复制并粘贴到合成上，被粘贴到合成上的这组动画关键帧起始帧位置取决于当前时间指示器所处的位置。利用鼠标框选所有的关键帧，单击这组关键帧的起始帧和素材的入点位置对齐，如图 8.2.16 所示。

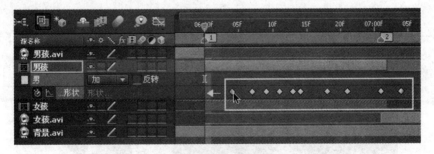

图 8.2.16　移动动画关键帧

（13）用同样的方法将"女孩"合成里"女孩"图层的"女"遮罩按"Ctrl+C"组合键复制，在"男变女"合成中粘贴在"女孩"合成上，如图 8.2.17 所示。

（14）为了后面遮罩的区分，将"女"遮罩边框颜色设置为红色，"男"遮罩边框颜色设置为蓝色，如图 8.2.18 所示。

按键盘Ctrl+C键

按键盘Ctrl+V键

图 8.2.17　复制并粘贴遮罩

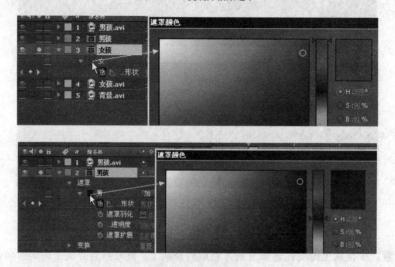

图 8.2.18　设置遮罩的边框颜色

（15）单独显示"男孩"图层，将"女"遮罩复制并粘贴到"男孩"合成上，如图 8.2.19 所示。

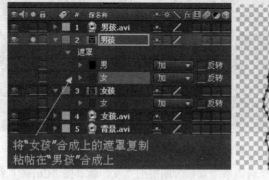

将"女孩"合成上的遮罩复制
粘帖在"男孩"合成上

图 8.2.19　将"女"遮罩复制并粘贴到"男孩"合成上

（16）单独显示"女孩"图层，将"男"遮罩复制并粘贴到"女孩"合成上，如图 8.2.20 所示。

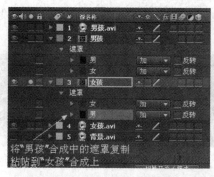

图 8.2.20　将"男"遮罩复制并粘贴到"女孩"合成上

（17）单独显示"男孩"合成，单击菜单添加"效果"→"扭曲"→"变形"特效，如图 8.2.21 所示。

（18）将"变形"特效的来源遮罩选择为"男"，目标遮罩为"女"，弹性设置为"液态"，单击"百分比"前面的动画关键帧按钮，如图 8.2.22 所示。

图 8.2.21　添加"变形"特效　　　　　　图 8.2.22　设置"变形"特效

（19）在标记 1 位置设置变形特效的"百分比"数值为 0%，在标记 2 位置设置变形特效的"百分比"数值为 100%，如图 8.2.23 所示。

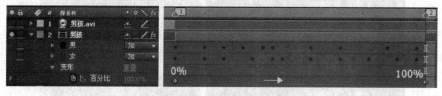

图 8.2.23　设置"变形"动画

提示：在"变形"时局部的遮罩未能变形到另一个遮罩范围内，可以在特效控制台面板选择"变形"特效，配合 Alt 键在未能变形的两个遮罩间添加"连接线"，如图 8.2.24 所示。

（20）同样单独显示"女孩"合成并添加"变形"特效，将"变形"特效的来源遮罩选择为"女"，目标遮罩为"男"，弹性设置为"液态"，单击"百分比"前面的动画关键帧按钮，如图 8.2.25 所示。

图 8.2.24　添加"连接线"　　　　　　图 8.2.25　设置"变形"特效

（21）在标记 1 位置设置变形特效的"百分比"数值为 0%，在标记 2 位置设置变形特效的"百分比"数值为 100%，如图 8.2.26 所示。

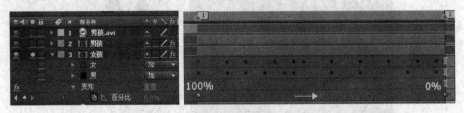

图 8.2.26　设置"变形"动画

（22）单击关闭图层前面的单独显示图层按钮，选择"男孩"合成单击菜单添加"效果"→"过渡"→"块溶解"特效，如图 8.2.27 所示。

（23）将"块溶解"特效的羽化设置为 15，选中"柔化边缘"选项，将当前时间指示器移至标记 1 位置，单击"变换完成度"前面的动画关键帧按钮，如图 8.2.28 所示。

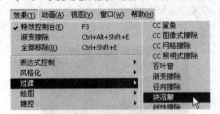

图 8.2.27　添加"块溶解"特效　　　　图 8.2.28　设置"块溶解"特效

（24）在标记 1 位置设置块溶解特效的"变换完成度"数值为 0%，在标记 2 位置设置为 100%，让两个遮罩范围之间进行柔和过渡，如图 8.2.29 所示。

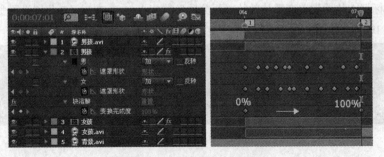

图 8.2.29　设置"块溶解"过渡动画

（25）完成"男变女"效果的整个制作，预览最终效果如图 8.2.1 所示。

综合实例 3　制作"农忙时节"片头及输出

实例内容

本例分为两个部分。第一部分是综合利用 MASK 遮罩、颜色校正和三维空间合成等知识制作"农忙时节"片头，最终效果如图 8.3.1 所示；第二部分是对制作好的片头进行输出。

图 8.3.1 "农忙时节"最终效果

设计思想

"农忙时节"片头制作主要是 MASK 遮罩、颜色校正和三维空间合成知识的综合应用，主要目的是让初学者熟练掌握 MASK 遮罩、颜色校正、三维场景的搭建以及摄像机动画的使用技巧。在制作完成后，需要进行影片的输出。

操作步骤

1．片头的制作

（1）新建一组合成命名为"场景"，添加"田地"素材并到合成时间线，利用钢笔工具在素材上顺着山脉边缘绘制遮罩将"黑云"部分抠除，如图 8.3.2 所示。

图 8.3.2 添加"田地"素材并绘制遮罩

（2）新建一组合成命名为"山脉"，设置合成图像的宽为 1578px、高为 738px，持续时间为 30 秒，详细设置如图 8.3.3 所示。

图 8.3.3 "图像合成设置"对话框

（3）在"山脉"合成里添加"大山"素材，利用钢笔工具 在素材上将山脉抠出，并适当调整遮罩的"羽化"数值，如图 8.3.4 所示。

图 8.3.4　添加"大山"素材并绘制遮罩

（4）在"山脉"合成里将抠出的"大山"素材复制并按图 8.3.5 所示排列。

图 8.3.5　复制并排列"大山"素材

（5）将"山脉"合成添加到"场景"合成中，单击打开图层三维开关 ，并设置"山脉"合成的位置数值，如图 8.3.6 所示。

图 8.3.6　将"山脉"合成添加到场景中

（6）给"山脉"合成添加"色阶"特效，分别调整"山脉"的 RGB、红、绿和蓝色通道，让整个大山形成一个"金黄色"丰收的景象，如图 8.3.7 所示。

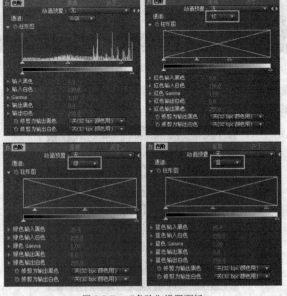

图 8.3.7　"色阶"设置面板

（7）继续给"田地"素材添加"色彩平衡"特效，让"田地"素材和"山脉"合成颜色相同，如图 8.3.8 所示。

图 8.3.8 校正"田地"素材颜色

（8）按 Home 键将当前时间指示器返回合成开始处新建一组摄像机，并设置摄像机的"目标兴趣点"和"位置"数值，如图 8.3.9 所示。

图 8.3.9 新建并设置摄像机

（9）新建一组合成，设置合成组名称为"收玉米"，设置合成图像的宽为 1745px、高为 768px，详细设置如图 8.3.10 所示。

（10）将"地"素材添加到"收玉米"合成中，利用钢笔工具 在画面中将收割机和汽车部分抠出并适当"羽化"遮罩边缘。复制"地"素材，利用钢笔工具 在画面将地面部分抠出并适当"羽化"遮罩边缘，如图 8.3.11 所示。

图 8.3.10 "图像合成设置"对话框   图 8.3.11 利用遮罩抠出素材

（11）在"收玉米"合成里将抠出的"地"素材复制并按图 8.3.12 所示排列。

（12）将"收玉米"合成添加到"场景"合成中，单击打开图层三维开关 ，并设置"收玉米"合成的"位置"和"比例"数值，如图 8.3.13 所示。

图 8.3.12 复制并排列"地"素材   图 8.3.13 将"收玉米"合成添加到场景中

（13）同样给"收玉米"合成添加"色阶"特效，分别调整"收玉米"合成的红、绿和蓝色通道，让"收玉米"合成颜色和整体片子颜色相统一，如图 8.3.14 所示。

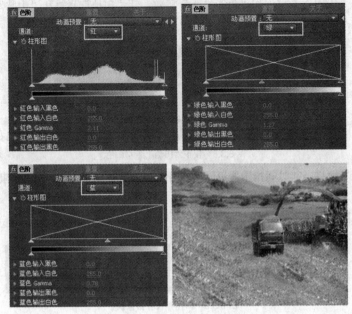

图 8.3.14 调整"收玉米"合成的颜色

（14）利用钢笔工具![在画面中"收玉米"合成上绘制遮罩，设置遮罩羽化的数值为 150 像素，让"收玉米"合成完全"溶入"整个场景中，如图 8.3.15 所示。

图 8.3.15 设置"收玉米"合成的边缘

（15）按"Ctrl+C"组合键复制目标兴趣点和位置的关键帧，将当前时间指示器移至 1 秒处按"Ctrl+V"组合键粘贴到此处，让摄像机从起始到 1 秒位置画面保持静止。在 1 秒 10 帧位置设置摄像机的目标兴趣点数值，让摄像机从 1 秒位置到 1 秒 10 帧处形成一个"平移镜头"的效果，如图 8.3.16 所示。

图 8.3.16 设置"摄像机"动画

（16）新建一组合成设置合成组名称为"收麦子"，设置合成图像的宽为 899px、高为 576px，详细设置如图 8.3.17 所示。

图 8.3.17　"图像合成设置"对话框

（17）将"麦子"素材添加到"收麦子"合成中，利用钢笔工具 在画面中将收麦子的人们抠出并适当"羽化"遮罩边缘，如图 8.3.18 所示。

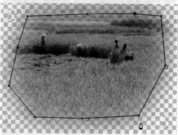

图 8.3.18　添加并编辑"麦子"素材

（18）在"收麦子"合成中复制"麦子"素材，将画面中"麦子"部分利用钢笔工具 抠出并适当"羽化"遮罩边缘，如图 8.3.19 所示排列。

图 8.3.19　复制并排列"麦子"素材

（19）将"收麦子"合成添加到"场景"合成中，单击打开图层三维开关 ，并设置"收麦子"合成的"位置""比例"和"遮罩羽化"数值，如图 8.3.20 所示。

图 8.3.20　将"收麦子"合成添加到场景中

（20）同样给"收麦子"合成添加"色阶"特效，分别调整"收麦子"合成的红、绿和蓝色通道，如图 8.3.21 所示。

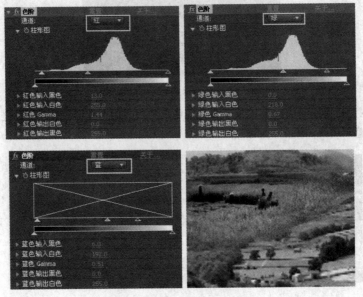

图 8.3.21　调整"收麦子"合成的颜色

（21）按"Ctrl+C"组合键复制目标兴趣点和位置的关键帧，将当前时间指示器移至 1 秒 20 帧处按"Ctrl+V"组合键粘贴到此处。让摄像机从 1 秒 10 帧到 1 秒 20 帧位置画面静止，在 2 秒 15 帧位置设置摄像机的目标兴趣点数值，让摄像机从 1 秒 20 帧位置到 2 秒 15 帧处形成一个"拉镜头"的效果，如图 8.3.22 所示。

图 8.3.22　设置"摄像机"动画

（22）新建一组合成，设置合成组名称为"犁地"，设置合成图像的宽为 855px、高为 642px，详细设置如图 8.3.23 所示。

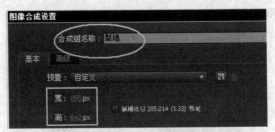

图 8.3.23　"图像合成设置"对话框

（23）将"耕地"素材添加到"犁地"合成中，将"犁地"合成添加到"场景"合成中，单击打开图层三维开关，利用钢笔工具将画面中的人物部分抠出。单击菜单执行"图层"→"变换"→"水平方向反转"命令，并设置合成的"位置""比例"和"遮罩羽化"数值，如图 8.3.24 所示。

图 8.3.24 将"犁地"合成添加到场景中

（24）给"犁地"合成添加"色阶"特效，分别调整"犁地"合成的红色和蓝色通道的数值，如图 8.3.25 所示。

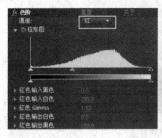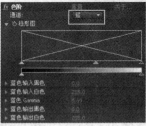

图 8.3.25 调整"犁地"合成的颜色

（25）将当前摄像机的目标兴趣点和位置的关键帧复制，粘贴合成时间线至 4 秒 05 帧处，让摄像机从 2 秒 15 帧到 4 秒 05 帧位置画面保持静止。在 5 秒 12 帧位置设置摄像机的目标兴趣点数值，让摄像机从 4 秒 05 帧位置到 5 秒 12 帧处形成一个"拉镜头"的效果，如图 8.3.26 所示。

图 8.3.26 设置"摄像机"动画

（26）新建一组合成，设置合成组名称为"割麦子"，设置合成图像的宽为 1899px、高为 726px，如图 8.3.27 所示。

图 8.3.27 "图像合成设置"对话框

（27）将"割麦"素材添加到"割麦子"合成中，利用钢笔工具在画面中将"麦子"和人物分别抠出并适当"羽化"遮罩边缘，复制"麦子"素材按图 8.3.28 所示排列整个画面。

图 8.3.28 复制并排列"麦子"素材

（28）同样将"割麦子"合成添加到"场景"合成中，单击打开图层三维开关 ![],并设置"收麦子"合成的"位置"和"比例"数值，如图 8.3.29 所示。

图 8.3.29 将"割麦子"合成添加到场景中

（29）给"犁地"合成添加"色阶"特效，分别调整"犁地"合成的 RGB、红色和蓝色通道的数值，如图 8.3.30 所示。

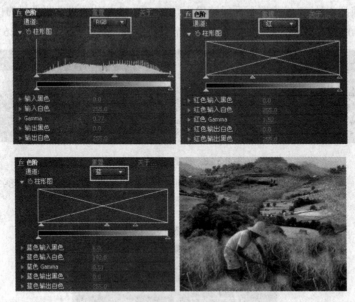

图 8.3.30 调整"割麦子"合成的颜色

注意：当摄像机从"犁地场景"拉到"个麦子场景"时，为了避免摄像机从"割麦子场景"的麦子中间穿过，在摄像机"拉"到麦子场景的过程中可以调整摄像机的"位置"数值，让摄像机适当"抬高"从麦子的麦梢拉过，如图 8.3.31 所示。

图 8.3.31 调整"摄像机"动画

（30）将当前摄像机的目标兴趣点和位置的关键帧复制并粘贴至 6 秒 12 帧处，让摄像机从 5 秒 12 帧到 6 秒 12 帧位置画面保持静止。在 7 秒 06 帧位置设置摄像机的目标兴趣点数值，让摄像机从 6 秒 12 帧位置到 7 秒 06 帧处继续形成一个"拉镜头"的效果，如图 8.3.32 所示。

图 8.3.32 设置"摄像机"动画

（31）新建一组合成，设置合成组名称为"麦田"，设置合成图像的宽为 1529px、高为 738px，如图 8.3.33 所示。

（32）将"黄色的麦子"素材添加到"麦田"合成中，利用矩形遮罩工具 在画面中将"黄色麦子"部分抠出并适当"羽化"遮罩边缘，复制"黄色的麦子"素材按图 8.3.34 所示左右拼接整个画面。

图 8.3.33 "图像合成设置"对话框　　　图 8.3.34 复制并排列"黄色的麦子"素材

（33）同样将"麦田"合成添加到"场景"合成中，单击打开图层三维开关 ，并设置"收麦子"合成的"位置"和"比例"数值，如图 8.3.35 所示。

图 8.3.35 将"麦田"合成添加到场景中

提示：同样当摄像机从"割麦子场景"拉到"麦田场景"时，适当调整摄像机的"位置"数值，让摄像机从"麦田场景"的麦梢"拉"过，如图 8.3.36 所示。

图 8.3.36　调整"摄像机"动画

（34）将当前摄像机的目标兴趣点和位置的关键帧复制并粘贴至 8 秒 03 帧处，让摄像机从 7 秒 06 帧到 8 秒 03 帧位置画面保持静止。在 8 秒 14 帧处设置摄像机的目标兴趣点数值，让摄像机从 8 秒 03 帧位置到 8 秒 14 帧处形成一个"向右上角平移镜头"的效果，如图 8.3.37 所示。

图 8.3.37　设置"摄像机"动画

（35）再次创建一组合成，设置合成组名称为"丰收"，设置合成图像的宽为 1335px、高为 738px，如图 8.3.38 所示。

（36）将"黄色的麦子"素材添加到"丰收"合成中，利用矩形遮罩工具 ▣ 在画面中将"黄色麦子"部分抠出并适当"羽化"遮罩边缘，复制"黄色麦子"素材按图 8.3.39 所示左右拼接整个画面。

图 8.3.38　"图像合成设置"对话框

图 8.3.39　复制并排列"黄色的麦子"素材

（37）同样将"丰收"合成添加到"场景"合成中，单击打开图层三维开关 ⬛，并设置"收麦子"合成的"位置"和"比例"数值，详细设置如图 8.3.40 所示。

（38）给"丰收"合成添加"线性擦除"过渡特效，详细设置如图 8.3.41 所示。

图 8.3.40　将"丰收"合成添加到场景中

图 8.3.41　"线性擦除"特效设置

（39）在合成时间线 7 秒 18 帧位置设置"线性擦除"特效的"完成过渡"数值为 100%，按"Shift+ Page Down"组合键设置"完成过渡"数值为 0%，让画面从左向右展开，如图 8.3.42 所示。

图 8.3.42　设置"线性擦除"动画

（40）新建"农忙时节"合成，添加"农忙时节"书法文字到合成中，并且按如图 8.3.43 所示排列。

图 8.3.43　新建"农忙时节"合成

（41）将"农忙时节"合成添加到"场景"合成中，并设置合成的位置、比例和透明度动画，如图 8.3.44 所示。

图 8.3.44　设置"农忙时节"动画

（42）给"农忙时节"合成添加"填充"特效，设置填充色为 R71、G34、B3，如图 8.3.45 所示。

图 8.3.45　设置"农忙时节"的填充颜色

（43）再次给"农忙时节"合成添加"阴影"和"斜面 Alpha"特效，设置如图 8.3.46 所示。

图 8.3.46　设置"阴影"和"斜面 Alpha"特效

（44）在"场景"合成中添加"粒子飞"素材比，设置"屏幕"图层叠加模式。创建"关注三农大型专题纪录片"文字，并给文字添加从左向右展开的"线性擦除"动画效果，如图 8.3.47 所示。

图 8.3.47　添加"粒子飞"和文字

（45）预览场景"丰收"整个动画效果，如图 8.3.48 所示。

图 8.3.48　预览"丰收场景"最终效果

（46）完成"农忙时节"片头的整个制作，最终效果如图 8.3.1 所示。

2．片头的输出

在 After Effects CS4 软件对影视作品项目编辑完以后，通过最后一步输出影片才能将整个项目素材以及动画输出为视频文件，具体操作如下：

（1）将当前时间指示器移至合成时间线开始处按"B"键设置工作区域的开始点，再将当前时间指示器移至合成时间线开始 12 秒位置按"N"键设置工作区域的结束点，如图 8.3.49 所示。

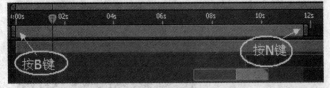

图 8.3.49　设置渲染的"工作区域"

（2）在图层开关面板单击动态模糊开关 ，并打开所有图层的动态模糊开关，如图 8.3.50 所示。

（3）在合成视图工具栏选择分辨率为"全屏"选项，如图 8.3.51 所示。

图 8.3.50 设置图层的动态模糊

图 8.3.51 设置合成显示分辨率

（4）在合成时间线面板标签处单击鼠标左键选择"场景"合成，单击菜单执行"图像"→"制作影片"命令，或者按"Ctrl+M"组合键制作影片，如图 8.3.52 所示。

图 8.3.52 "图像合成"菜单

（5）在弹出的"渲染队列"面板里单击"最佳设置"选项，在"渲染设置"里详细设置如图 8.3.53 所示。

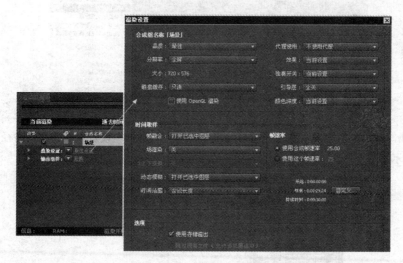

图 8.3.53 "渲染设置"对话框

（6）在"渲染队列"面板里单击"基于无损"选项，在弹出的"输出组建设置"对话框里设置输出视频的格式，视频压缩格式为 Canopus HQ 格式，如图 8.3.54 所示。

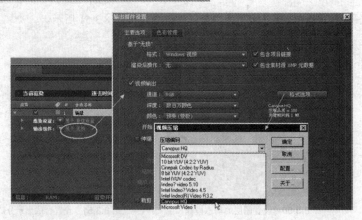

图 8.3.54 "输出组件设置"对话框

提示：在装有 EDIUS 软件或者 Canopus 编解码程序的电脑上，才出现 Canopus HQ 视频压缩格式。

（7）在"视频输出"栏选择输出作品的通道、深度、颜色和伸缩等选项，勾选"音频输出"选项可以同时输出作品的音频，如图 8.3.55 所示。

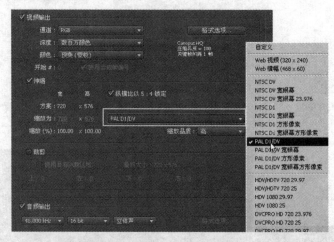

图 8.3.55 设置"视频输出"和"音频输出"选项

（8）单击"输出到"选项，在弹出的"输出影片为"对话框里设置作品的存盘路径和名称等，如图 8.3.56 所示。

图 8.3.56 "输出影片为"对话框

（9）设置好各项参数确保准确无误以后，在"渲染队列"面板单击"渲染"按钮开始渲染，在"渲染队列"面板下方显示渲染的各种信息，如图 8.3.57 所示。

图 8.3.57 开始"渲染"动画

（10）渲染完成后利用视频播放软件预览整个作品，如图 8.3.58 所示。

图 8.3.58 播放观看"农忙时节"作品

第9章 上机实验

本章通过几个上机小实验对所学的一些基础知识进行巩固，重点培养用户的实际操作能力，达到学以致用的目的。

知识要点

- 图像的羽化效果
- 图层蒙板、遮罩的应用
- 节目"内容提要"的制作
- 制作"牙齿美白"效果对比
- 制作"情人节"贺卡

实验1 图像的羽化效果

1. 实验内容

在本实验的制作过程中，主要包含素材的导入、添加到合成时间线、钢笔工具 的使用方法和技巧、MASK遮罩边缘的羽化设置等知识，最终效果如图9.1.1所示。

图9.1.1 最终效果

2. 实验目的

通过本实验的制作，能够熟练使用钢笔工具 ，能够独立地调整画面的整体颜色，掌握设置遮罩边缘羽化等技巧。

3. 操作步骤

（1）单击菜单执行"图像合成"→"新建合成组"命令，或者按"Ctrl+N"组合键新建合成组，在弹出的"图像合成设置"对话框里设置合成组名称为"羽化效果"，设置合成画面宽度为 720px、高度为576px，合成持续时间为15秒，如图9.1.2所示。

（2）在项目面板工具栏单击新建文件夹按钮 ，新建文件夹并管理素材，如图9.1.3所示。

（3）在项目面板导入"背景"素材并添加到合成时间线，如图9.1.4所示。

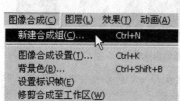

图 9.1.2 创建"羽化效果"合成组

图 9.1.3 新建文件夹

图 9.1.4 添加"背景"素材

（4）利用同样的方法添加"旅游"人物素材到合成时间线，如图 9.1.5 所示，

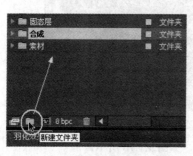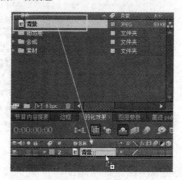

图 9.1.5 添加的"背景"和"旅游"素材

（5）在图层面板将"背景"图层放置到上层，在工具栏选择钢笔工具，如图 9.1.6 所示。

图 9.1.6 调整图层顺序并选择钢笔工具

（6）利用钢笔工具在"背景"图像上绘制 MASK 遮罩，如图 9.1.7 所示。

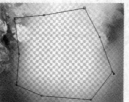

图 9.1.7 绘制 MASK 遮罩

（7）按"F"键，设置 MASK 遮罩边缘的羽化数值为 82 像素，如图 9.1.8 所示。

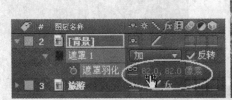

图 9.1.8　设置遮罩的边缘羽化

（8）选择"旅游"人物素材，单击菜单添加"效果"→"色彩校正"→"色阶"特效，设置"旅游"人物素材的颜色和背景颜色相匹配，如图 9.1.9 所示。

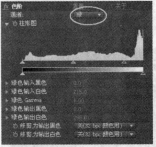

图 9.1.9　添加并设置"色阶"特效

（9）在合成图像上继续添加"星星"装饰素材，如图 9.1.10 所示。

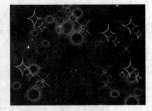

图 9.1.10　添加"星星"素材

（10）完成图像羽化效果的整体制作，预览最终效果如图 9.1.1 所示。

实验 2　图层蒙板、遮罩的应用

1．实验内容

在本实验的制作过程中，主要包含图层的轨道蒙板、MASK 遮罩动画、钢笔工具、合成嵌套的使用方法和技巧，最终效果如图 9.2.1 所示。

图 9.2.1　最终效果

2．实验目的

通过本实验的制作，能够熟练使用钢笔工具 ，能够独立地调整图层轨道蒙板，使用调整遮罩动画等技巧。

3．操作步骤

（1）按"Ctrl+N"组合键，在弹出的"图像合成设置"对话框里设置合成组名称为"图层蒙板"，设置合成画面宽度为 720px、高度为 576px，如图 9.2.2 所示。

（2）导入"山水风景"素材并添加到合成时间线，如图 9.2.3 所示。

图 9.2.2　图像合成设置对话框

图 9.2.3　添加"山水风景"素材

（3）新建一个"墨迹"合成，添加"墨迹"素材，利用钢笔工具 在"墨迹"素材上绘制遮罩，如图 9.2.4 所示。

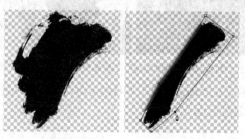

图 9.2.4　在"墨迹"素材上绘制遮罩

（4）在合成时间线 0 帧位置将"墨迹"素材的遮罩点移至素材上方，在 20 帧位置将"墨迹"素材完全展开，让"墨迹"素材在 0～20 帧之间形成一段"墨迹展开"动画，如图 9.2.5 所示。

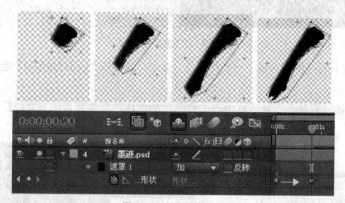

图 9.2.5　设置遮罩动画

（5）按"Ctrl+D"组合键 3 次复制"墨迹"素材，将复制的"墨迹"素材利用同样的方法设置"墨迹展开"遮罩动画，如图 9.2.6 所示。

图 9.2.6 绘制"墨迹"遮罩并设置动画

（6）按"墨迹"素材由下展开的顺序排列素材，调整"墨迹"展开的动画起始时间，如图 9.2.7 所示。

图 9.2.7   调整动画的起始时间

（7）在项目面板将"墨迹"合成添加到"图层蒙板"合成中，如图 9.2.8 所示。

图 9.2.8   添加"墨迹"合成到"图层蒙板"合成

（8）将"墨迹"合成放置在"山水风景"素材的上方，在山水风景图层的"轨道蒙板"上选择"Alpha 蒙板墨迹"选项，如图 9.2.9 所示。

图 9.2.9   设置图层轨道蒙板

（9）单击菜单执行"图像合成"→"背景色"命令，或者按"Ctrl+Shift+B"组合键，如图 9.2.10 所示。

（10）在弹出的"背景色"对话框中单击背景色的色块，设置背景色为 R122、G155、B189，如图 9.2.11 所示。

图 9.2.10 设置合成背景色

图 9.2.11 设置合成背景色

（11）完成图层蒙板、遮罩动画的整体制作，预览最终效果如图 9.2.1 所示。

实验 3　节目"内容提要"的制作

1．实验内容

在本实验中的制作过程中，主要包含图层的轨道蒙板、绘制 MASK 遮罩和羽化、斜面 Alpha 特效的使用方法和复制并粘贴遮罩的技巧等知识，最终效果如图 9.3.1 所示。

图 9.3.1　最终效果

2．实验目的

通过本实验的制作，能够熟练绘制 MASK 遮罩以及复制和粘贴遮罩方法等，并且巩固图层的轨道蒙板知识，合理地运用"斜面 Alpha"特效等知识。

3．操作步骤

（1）单击菜单执行"图像合成"→"新建合成组"命令，在弹出的"图像合成设置"对话框里设置合成组名称为"节目内容提要"，设置合成画面宽度为 720px、高度为 576px，合成持续时间为 15 秒，添加"背景"素材到合成中，如图 9.3.2 所示。

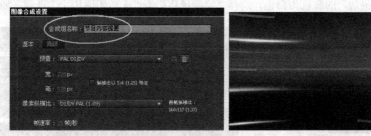

图 9.3.2　图像合成设置对话框及背景素材

（2）给"背景"素材添加"色阶"特效，调整色阶的"红"色通道数值，如图 9.3.3 所示。

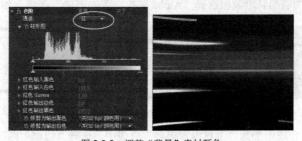

图 9.3.3　调整"背景"素材颜色

（3）利用圆角矩形工具 在"动态背景"素材上绘制圆角矩形遮罩，在遮罩属性面板勾选"反转"选项，如图 9.3.4 所示。

（4）按"Ctrl+N"组合键创建"边框"合成组，如图 9.3.5 所示。

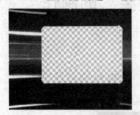

图 9.3.4　绘制圆角矩形遮罩　　　　　　　图 9.3.5　创建"边框"合成组

（5）将"背景"素材添加到"边框"合成组，在图层面板空白处单击鼠标右键执行"新建"→"固态层"命令，如图 9.3.6 所示。

图 9.3.6　添加固态层

（6）选择"背景"图层上的圆角矩形遮罩按"Ctrl+C"组合键复制，在"边框"合成组里选择"白色固态层"按"Ctrl+V"组合键粘贴，如图 9.3.7 所示。

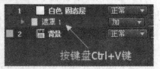

图 9.3.7　复制并粘贴遮罩

（7）单击菜单添加"效果"→"生成"→"描边"特效，如图 9.3.8 所示。

（8）设置"描边"的颜色为白色，选择"绘制风格"为"在透明通道上"选项，如图 9.3.9 所示。

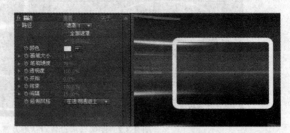

图 9.3.8　添加"描边"特效　　　　　　　　图 9.3.9　设置"描边"特效

（9）在"背景"图层的轨道蒙板选择"Alpha 蒙板白色固态层"选项，如图 9.3.10 所示。

图 9.3.10　设置图层轨道蒙板

（10）将"边框"合成添加到"节目内容提要"合成中，选择"边框"图层添加菜单"效果"→

"透视"→"斜面 Alpha"特效，并且设置斜面 Alpha 的边缘厚度数值，如图 9.3.11 所示。

图 9.3.11 添加并设置"斜面 Alpha"特效

（11）导入"新闻素材"添加到"节目内容提要"合成的最底层，如图 9.3.12 所示。

图 9.3.12 添加"新闻素材"到最底层

（12）按"Ctrl+Y"组合键创建固态层，设置固态层名称为"字幕衬条"，固态层颜色为 R232、G107、B6，如图 9.3.13 所示。

图 9.3.13 创建"字幕衬条"

（13）设置"字幕衬条"的高度，利用矩形遮罩工具 在固态层上绘制矩形遮罩，并设置水平方向的"遮罩羽化"数值，如图 9.3.14 所示。

（14）在合成图像上输入"内容提要"文字，在字幕衬条上输入"我市举办'庆六一'文艺汇演"文字并设置文字的字体属性等，如图 9.3.15 所示。

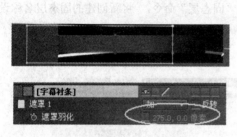

图 9.3.14 绘制矩形遮罩并羽化遮罩

图 9.3.15 输入并设置文字属性

（15）给"背景"添加"高斯模糊"特效，适当调整"模糊量"数值，如图 9.3.16 所示。

（16）给"内容提要"文字添加"降低隔行扫描闪烁"和"阴影"特效，并设置"柔化"数值，如图 9.3.17 所示。

图 9.3.16　设置"高斯模糊"数值　　　　图 9.3.17　设置"降低隔行扫描闪烁"和"阴影"特效数值

（17）完成整个"节目内容提要"的制作，最终效果如图 9.3.1 所示。

实验 4　制作"牙齿美白"效果对比

1．实验内容

在本实验中的制作过程中，主要包含绘制 MASK 遮罩、渐变、网格和蜂巢图案特效的使用方法和技巧，复习和巩固轨道蒙板、合成相互嵌套的知识，最终效果如图 9.4.1 所示。

图 9.4.1　最终效果

2．实验目的

通过本实验的制作，读者能够熟练绘制 MASK 遮罩，巩固图层的轨道蒙板知识，合理运用渐变、网格和蜂巢图案特效的操作方法和技巧。

3．操作步骤

（1）按"Ctrl+N"组合键新建合成组，在弹出的"图像合成设置"对话框里设置合成组名称为"背景"，设置合成画面宽度为 720px、高度为 576px，合成持续时间为 15 秒，如图 9.4.2 所示。

（2）在图层面板单击鼠标右键菜单执行"新建"→"固态层"命令，将新创建的固态层名称设置为"渐变"，如图 9.4.3 所示。

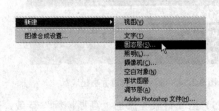

图 9.4.2　"图像合成设置"对话框　　　　图 9.4.3　创建"固态层"

（3）给"渐变"固态层添加"渐变"特效，设置"渐变"特效的开始色为 R48、G52、B235，结束色为白色，渐变形状为线性渐变，如图 9.4.4 所示。

（4）按"Ctrl+Y"组合键新建固态层并添加"网格"特效，"网格"的详细设置如图 9.4.5 所示。

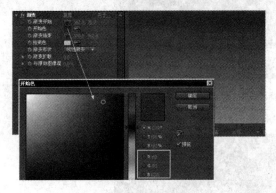

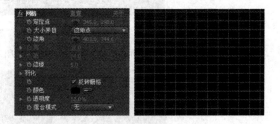

图 9.4.4　设置"渐变"特效　　　　　　　　　　图 9.4.5　设置"网格"效果

（5）选择"网格"图层按"Ctrl+Shift+C"组合键，在弹出的"预合成"对话框里设置新建合成名称为"网格"，选择"移动全部属性到新建合成中"，如图 9.4.6 所示。

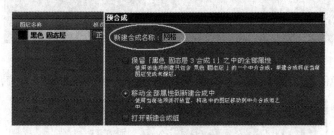

图 9.4.6　将"网格"图层预合成

（6）在"背景"合成中的"网格"图层上绘制矩形遮罩，设置"遮罩羽化"的垂直方向数值为126 像素，透明度为 12%，如图 9.4.7 所示。

（7）按"Ctrl+N"组合键新建"方格子"合成组，在合成组中分别创建"黑色"和"白色"固态层，如图 9.4.8 所示。

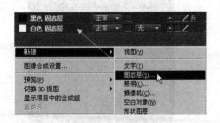

图 9.4.7　在"网格"上绘制矩形遮罩　　　　　　图 9.4.8　新建固态层

（8）选择"黑色固态层"添加"蜂巢图案"特效，设置蜂巢图案类型为"盘面"，将"分散"设置为 0，在合成时间线 0 秒处设置"展开"数值为 0 并设置动画关键帧，到合成时间线 6 秒处设置"展开"数值为 2 圈，这样 0～6 秒之间四方格子就会动起来，如图 9.4.9 所示。

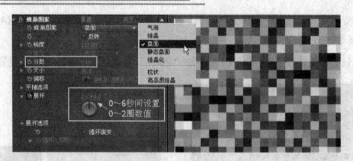

图 9.4.9　设置"蜂巢图案"动画

（9）继续给"黑色固态层"添加"色阶"和"亮度与对比度"特效，如图 9.4.10 所示。

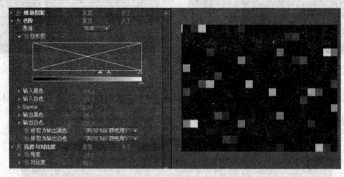

图 9.4.10　设置"色阶"和"亮度与对比度"数值

（10）在"白色固态层"的轨道蒙板上选择"亮度蒙板'黑色固态层'"选项，如图 9.4.11 所示。

图 9.4.11　设置图层的轨道蒙板

（11）将"方格子"合成添加到"背景"合成中，利用矩形遮罩工具█在"方格子"图层上绘制矩形遮罩，并设置图层的"透明度"为 52%，如图 9.4.12 所示。

（12）按"Ctrl+N"组合键新建"牙齿美白广告"合成组，如图 9.4.13 所示。

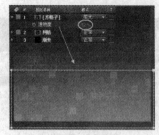

图 9.4.12　绘制矩形遮罩

图 9.4.13　"图像合成设置"对话框

（13）按"Ctrl+Y"组合键新建"边框"固态层，按"Ctrl+R"组合键显示时间标尺并创建参考辅助线，利用矩形遮罩工具█、钢笔工具█在固态层上绘制遮罩，并且设置两个遮罩的"遮罩扩展"数值，如图 9.4.14 所示。

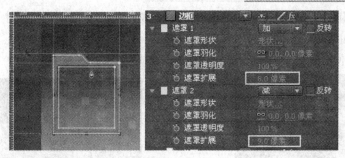

图 9.4.14　绘制并设置遮罩

（14）给"边框"图层添加"渐变"特效，设置开始色为黄色，结束色为绿色，渐变形状为线性渐变，如图 9.4.15 所示。

（15）添加"黄色牙齿"素材到合成中，利用矩形遮罩工具将"黄色牙齿"素材多余的部分裁剪掉，在"边框"上输入"使用前"文字，如图 9.4.16 所示。

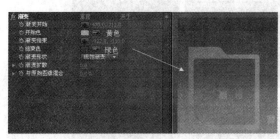

图 9.4.15　最终效果

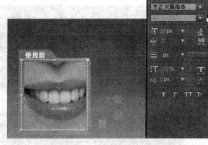

图 9.4.16　裁剪素材并输入文字

（16）将"使用前"文字、"边框"和"黄色牙齿"图层选择按"Ctrl+Shift+C"组合键，在"预合成"对话框设置新建合成名称为"使用前"，如图 9.4.17 所示。

（17）给"使用前"合成添加"阴影"效果，详细设置如图 9.4.18 所示。

图 9.4.17　"预合成"对话框

图 9.4.18　设置"阴影"效果

（18）在项目面板选择"使用前"合成按"Ctrl+D"组合键复制合成，将复制后的合成命名为"使用后"，如图 9.4.19 所示。

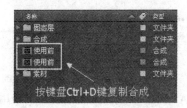

图 9.4.19　在项目面板复制合成

（19）在"使用后"合成里将"黄色牙齿"素材换成"白色牙齿"素材，并将"使用前"文字改写成"使用后"，如图 9.4.20 所示。

（20）添加"使用后"合成到"牙齿美白广告"合成中，如图 9.4.21 所示。

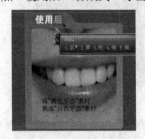

图 9.4.20　替换素材、更改文字

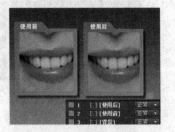

图 9.4.21　添加"使用后"合成

（21）在合成时间线 0～10 帧位置，设置"使用前"和"使用后"从两边到中间的位移动画，如图 9.4.22 所示。

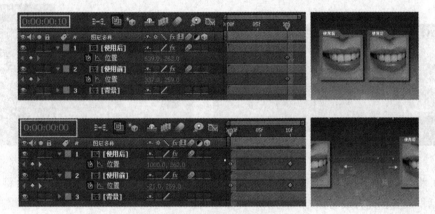

图 9.4.22　设置位移动画

（22）在图层开关面板打开图层的动态模糊开关，如图 9.4.23 所示。

图 9.4.23　打开图层的动态模糊开关

（23）完成"牙齿美白"效果制作，最终效果如图 9.4.1 所示。

实验 5　制作"情人节贺卡"

1．实验内容

在本实验中的制作过程中，主要包含绘制 MASK 遮罩、书写、径向擦除的使用方法和技巧，最终效果如图 9.5.1 所示。

图 9.5.1　最终效果

2. 实验目的

通过本实验的制作，读者能够熟练应用绘制 MASK 遮罩，合理运用书写、径向擦除的使用方法和技巧等知识。

3. 操作步骤

（1）按"Ctrl+N"组合键新建合成组，在弹出的"图像合成设置"对话框里设置合成组名称为"情人节卡片"，设置合成画面宽度为 720px、高度为 576px，合成持续时间为 10 秒，如图 9.5.2 所示。

（2）导入"背景"素材并添加到合成中，如图 9.5.3 所示。

图 9.5.2　图像合成设置对话框

图 9.5.3　添加"背景"素材

（3）导入"心.psd"素材并添加到合成中，适当调整在合成中的位置，如图 9.5.4 所示。

（4）导入"照片"素材并添加到合成中，利用钢笔工具将多余部分裁剪掉，如图 9.5.5 所示。

图 9.5.4　设置"心.psd"在合成中的位置

图 9.5.5　利用遮罩裁剪照片多余部分

（5）给"心.psd"素材添加"径向擦除"效果，如图 9.5.6 所示。

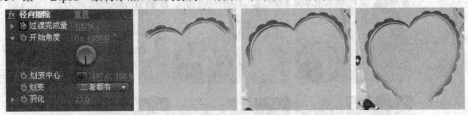

图 9.5.6　设置"径向擦除"效果

（6）给"照片"素材添加"CC 网格擦除"过渡效果，如图 9.5.7 所示。

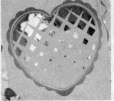

图 9.5.7　设置"CC 网格擦除"过渡效果

（7）导入"我爱你"素材添加到合成中并适当调整位置，如图 9.5.8 所示。

图 9.5.8　添加"我爱你"素材

（8）新建"深色 红色"固态层，单击菜单添加"效果"→"生成→"书写"特效，如图 9.5.9 所示。

图 9.5.9　新建固态层并添加"书写"特效

（9）将书写特效的"画笔位置"放置在文字的起始位置，单击打开"画笔位置"前面的动画按钮，如图 9.5.10 所示。

图 9.5.10　设置"书写"特效

（10）配合 Page Down 键用鼠标移动"画笔位置"点的位置，让"画笔位置"随着合成时间线向后的移动紧贴在文字上，如图 9.5.11 所示。

图 9.5.11　设置"画笔位置"点

（11）添加"钢笔.psd"素材，利用定位点工具▦将钢笔素材的中心点移至钢笔的笔尖处，并调整钢笔在合成中的位置，如图 9.5.12 所示。

图 9.5.12　调整钢笔在合成中的位置

（12）按 Alt 键不放在"钢笔.psd"素材的"位置"前面的动画按钮▣上单击鼠标左键，将"钢笔.psd"素材的位置表达式链接在固态层的"画笔位置"上，如图 9.5.13 所示。

图 9.5.13　连接"钢笔.psd"素材的位置表达式

（13）完成整个"情人节贺卡"的制作，最终效果如图 9.5.1 所示。

21世纪高等院校应用型人才培养规划教材（共 18 种）

本系列教材适用于应用型本科院校的计算机专业和其他专业的计算机基础教育。为了便于老师授课，本系列教材免费提供素材和电子课件。

书　号	书　名	作者	开本	定价	出版时间
2087-0	计算机应用基础 （Windows XP + Office 2003）	吕庆莉	16	36.00	2009.4
2525-7	计算机应用基础 （Windows XP + Office 2007）	李　辉	16	32.00	2011.6
2546-2	计算机办公自动化教程 （Windows XP + Office 2007）	李　辉	16	31.00	2009.4
2238-6	计算机办公自动化教程 （Windows XP + Office 2003）	万　征	16	30.00	2008.11
2518-9	中文 Office 2003 应用实践教程	罗洪涛	16	28.00	2009.3
2531-8	中文 Office 2007 应用实践教程	张军安	16	27.00	2009.3
2259-1	计算机组装与维护教程	王　璞	16	29.00	2007.8
2199-0	中文 Photoshop CS2 应用实践教程	张　健	16	28.00	2007.4
2542-4	中文 Photoshop CS3 应用实践教程	唐文忠	16	32.00	2009.4
2705-3	中文 Photoshop CS4 应用实践教程	兰　巍	16	30.00	2009.12
3252-1	中文 Photoshop CS5 应用实践教程	刘小豫	16	34.00	2011.12
2190-7	中文 CorelDRAW 12 应用实践教程	谢松云	16	32.00	2007.4
2541-7	中文 CorelDRAW X4 应用实践教程	唐文忠	16	32.00	2009.4
3352-8	中文 Flash CS4 应用实践教程	丁雪芳	16	36.00	2012.4
3265-1	中文 Flash CS5 应用实践教程	丁雪芳	16	34.00	2011.12
2547-9	中文 AutoCAD 2008 应用实践教程	袁　晶	16	31.00	2009.4
3234-7	中文 AutoCAD 2009 应用实践教程	兰　巍	16	33.00	2011.11
3278-1	中文 AutoCAD 2010 应用实践教程	王建龙	16	34.00	2011.12